写给中小学生的 C++入门

陈　勐　许浩然　赵玉喜　杨　敏　主编

山东大学出版社
SHANDONG UNIVERSITY PRESS
·济南·

图书在版编目(CIP)数据

写给中小学生的C++入门 / 陈勐等主编. —济南：山东大学出版社，2022.2(2024.3重印)

ISBN 978-7-5607-7217-2

Ⅰ.①写…　Ⅱ.①陈…　Ⅲ.①C++语言—程序设计—青少年读物　Ⅳ.①TP312.8-49

中国版本图书馆CIP数据核字(2022)第031277号

策划编辑　李　港
责任编辑　李　港
封面设计　可达鸭编程

出版发行　山东大学出版社
社　　址　山东省济南市山大南路20号
邮政编码　250100
发行热线　(0531)88363008
经　　销　新华书店
印　　刷　济南华林彩印有限公司
规　　格　720毫米×1000毫米　1/16
　　　　　30.75印张　699千字
版　　次　2022年2月第1版
印　　次　2024年3月第2次印刷
定　　价　89.00元

《写给中小学生的C++入门》

编委会

前　　言

随着信息化时代的来临，各式各样的应用正在成为日常生活中不可或缺的一部分，越来越多的国家开始意识到编程在教育中的重要性。早在 1984 年，邓小平在观看了一个孩子做的电脑演示后，就说道："计算机普及要从娃娃抓起。"同年，教育部和中国科协委托中国计算机学会举办了全国青少年计算机程序设计竞赛(简称"NOI")。2017 年 7 月，我国印发《新一代人工智能发展规划》，指出构筑我国人工智能发展的先发优势和抢抓人工智能发展的重大战略机遇的重要性。在教育部印发的《普通高中课程方案和语文等学科课程标准(2017 年版)》中，我们也可以清楚地看到国家对人工智能普及教育的重视程度。

学习编程，最重要的是学习"计算思维"，帮助自己更好地认知世界、解决问题，进而创造世界。在众多的编程语言中，本书选用了 C++语言。这出于两个方面的考虑：一是 NOI 系列赛事自 NOIP2022 开始将仅支持 C++语言。学习 C++语言，可以使青少年更好地适应计算机程序设计竞赛，并通过参加比赛的方式激发其学习编程的兴趣。二是 C++语言诞生至今，已有近四十年，依然保持着旺盛的生命力。通过对 C++语言的学习，青少年可以更好地了解编程语言的本质，在后续学习其他语言时变得轻松。

虽然 C++语言已经有比较成熟的学习体系，但多为面向成年人设计的。在面向中小学生授课的过程中，我们发现中小学生的认知能力与成年人有较大区别，直接套用现有的学习体系，学生的学习效果不佳。众多的一线老师也因为没有合适的教材，难以有效地开展编程课程。基于此，我们便萌发了编写一本适合零基础中小学生学习编程的教材的想法。

本书共包括 22 章，涵盖了 C++语言基础语法的所有知识，通过浅显易懂的例子，由浅入深地向学生讲解编程学习的基本语法知识，为后续的算法学习打下基础。此书适合作为中小学生编程学习的教材，也适合有一定基础的老师作为教学参考书籍。

本书由富有丰富教学经验的中小学老师以及山东可达鸭教育科技有限公司的老师共同编写完成。由于作者水平有限，书中难免存在错误和不足之处，恳请各位读者朋友提出意见和建议，以便修订。

编　者

2022 年 1 月

目　　录

上　册

下 册

第1章 输入输出与数据类型

第 1 节　计算机的基本程序框架

在进入 C++语言学习之前，我们需要先知道一些事情。在平常的学习、生活中，会出现很多我们不认识的文字或词语，而它们往往会影响我们正常的工作。和我们一样，当计算机遇到它不认识的命令时，它也会不知所措。这时，它就会需要一些小帮手。

C++ 基本框架

```
#include<iostream>      //头文件
using namespace std;      //名字空间
int main(){      //主函数
    cout<<"wa wa wa"<<endl;      //语句
    return 0;      //结束标志
}
```

1. 头文件

头文件是 C++程序对其他程序的引用。头文件作为一种包含功能函数、数据接口声明的载体文件，用于保存程序的声明。include 的英文含义是“包括”，格式为：

```
#include<引用文件名>
```

或

```
#include"引用文件名"
```

举一个现实生活中的例子，在日常生活中如果在读书的时候遇到没有见过的文字，会严重影响我们的阅读感受，因此我们会借助一个工具来帮助我们解决这个问题，这个工具就是字典(见图 1-1-1)。对于计算机而言同样有这样一本“字典”，那就是我们引入的头文件。在这些头文件里，会有我们应用语句的具体用法，来告诉计算机要进行什么操作。

图 1-1-1

2. 名字空间

首先，需要指明程序采用的名字空间。采用名字空间是为了在 C++新标准中，解决多人同时编写大型程序时名字产生的冲突问题。比如 A，B 两个班都有叫张三的人，你要使用 A 班的张三，必然要先指明是 A 班这个名字空间(namespace)，然后对张三的所有命令才能达到你的预想，不会指错人。

“using namespace std;”表示这个程序采用的全部都是 std(标准)名字空间，std 是英文单词 standard(标准)的缩写。若不加这句，则该程序中 cout 和 endl 都需指明其名字空间的出处。cout 语句必须写成：

```
std::cout<<"I love programming."<<std::endl;
```

3. 主函数

在日常生活中，我们要完成一件具有复杂功能的事，总是习惯把“大功能”分解成多个“小功能”来实现。在 C++程序的世界里，功能可称为“函数”，因此，“函数”其实就是一段实现了某种功能的代码，并且可以供其他代码调用。

一个程序，无论复杂或简单，总体上都是一个函数，这个函数称为“main 函数”，也就是“主函数”。比如有个做菜程序，那么做菜这个过程就是主函数。在主函数中，根据情况，你可能还需要调用买菜、切菜、炒菜等子函数。main 函数在程序中大多数是必须存在的，程序运行时都是找 main 函数来执行的。

每个函数内的所有指令都需要用花括号“{}”括起来。一般每个函数都需要有一个返回值，用 return 语句返回。

例题 1.1.1

一起来找茬：下面代码有两处错误，请找出来。

```
#include<iostream>
using namespace std;
int mian(){
    cout <<"hi"
    return 0;
}
```

参考答案：

①main 拼写错误。

②cout 语句没有加分号。

Dev-C++的使用

下面介绍 Dev-C++5. 11 集成开发环境的简单使用方法，该 IDE 适合于 Windows 操作系统平台。

对于初学者，他们会希望 IDE 能帮助自己做什么呢？

①创建程序文件。

②编译和运行程序。

③如果程序有问题，借助调试手段帮助找到问题。

④设置个性化的界面。

1. 新建、保存、打开程序文件

打开 Dev-C++，熟悉文件菜单（见图 1-1-2）。

图 1-1-2

方法一：

①打开“文件”菜单，选择“新建”下的“源代码”，在文本编辑区域输入和编辑程序（见图 1-1-3）。

②用“文件”菜单下的“保存”或“另存为”，保存程序。

③用“文件”菜单下的“打开项目或文件”，打开程序文件。

方法二:使用菜单中提示的快捷操作键实现相关的操作。

方法三:使用菜单下方的快捷图标实现相关的操作。

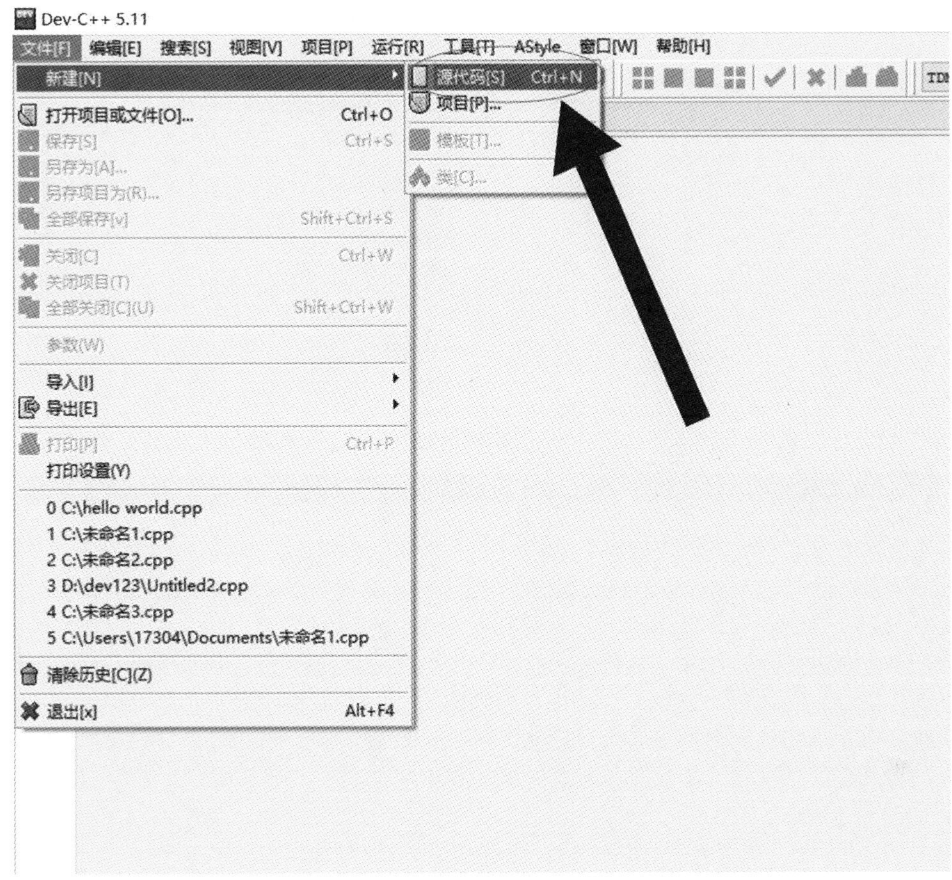

图 1-1-3

2. 编译、运行程序

程序运行前需要:

①存储程序。

②选择“运行”菜单下的“编译”(见图 1-1-4),弹出编译窗口(见图 1-1-5)。如果程序语法有错,将显示错误位置;如果程序语法正确,完成编译。

③完成编译后,选择“运行”。

④可以选择“运行”菜单下的“编译运行”。

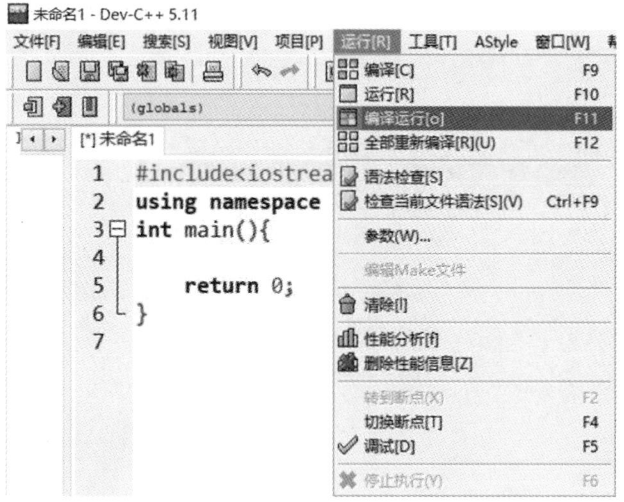

图 1-1-4

图 1-1-5

⑤也可以直接在菜单选择对应键(见图 1-1-6)。

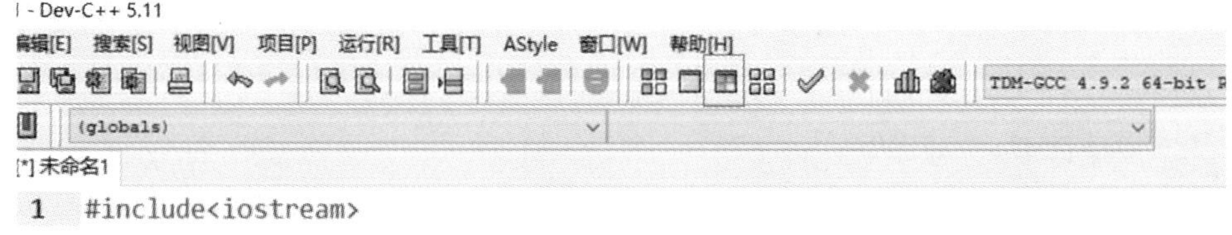

图 1-1-6

3. 程序设计与调试建议

良好的程序设计行为与调试习惯,有助于培养学习兴趣和深入学习。

①透彻分析问题,给出能够实施的具体解决问题的方法和步骤,即设计完整的算法和

数据结构。写程序过程即用语言和规定的语句描述问题的方法和步骤。不可只有一个大致的想法就匆忙开始写程序。正如写一篇文章,关键是文章的构思,有了具体的构思,才可以用中文、英文等语言进行描述。如果只有一个大致的想法,写出的文章一定不是好文章。对程序而言,一点点的错误导致的结果可能是很严重的。

②在分析问题过程中,给出问题可能存在的各种数据状态和结果,如边界数据等,帮助有效得到正确的解决方案,测试程序的正确性。

③在编译运行程序前,先进行静态查错。所谓"静态查错",即认真阅读一遍所写的程序,检查是否正确表达所设计的算法、数据结构、程序模块,特别关注细节表达,如变量名、数据类型、数据边界、变量初值、数据传递等。

④编译运行程序,先利用能够预见的可能存在的各种数据状态和结果测试程序,再设计大数据测试程序。

⑤调试程序尽量不依赖调试工具。

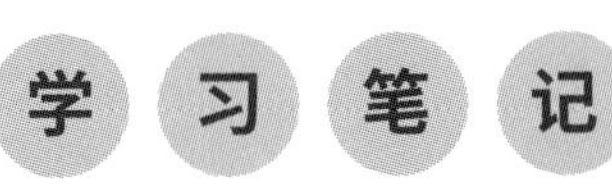

学习内容:程序框架、Dev-C++的使用

1. **程序框架**

```
#include<iostream>      //头文件
using namespace std;     //名字空间
int main(){     //主函数
    cout<<"wa wa wa"<<endl;     //语句
    return 0;     //结束标志
}
```

2. Dev-C++**的使用**

①存储程序。

②选择"运行"菜单下的"编译",弹出编译窗口。如果程序语法有错,将显示错误位置;如果程序语法正确,完成编译。

③完成编译后,选择"运行"。

④可以选择"运行"菜单下的"编译运行"。

动手练习

【练习 1.1.1】

题目描述

通过 Dev-C++运行程序，在屏幕上输出“你好，可达鸭！”。注意输出语句写法。

小可的答案

```
#include<iostream>
using namespace std;
int main()
{
    cout<<"你好，可达鸭！"<<endl;
    return 0;
}
```

关注“小可学编程”微信公众号，获取答案解析和更多编程练习。

未命名1.cpp

```
#include<iostream>
using namespace std;
int main()
{
    cout << "你好，可达鸭！"<<endl;
    return 0;
}
```

C:\未命名1.exe

```
你好，可达鸭！

--------------------------------
Process exited after 0.1208 seconds with return value 0
请按任意键继续. . .
```

第 2 节 让计算机开口说话——C++的输出

在我们刚出生的时候，我们能做的唯一一件事情就是发出“哇哇哇”的啼哭声，这一声啼哭是我们出生的标志（见图 1-2-1）。而对于计算机来说，我们在刚刚学习编程语言的时候，希望计算机做到的事情也是先开口“说话”，而真正意义上的“说话”显然不能这么轻易地实现，因此，我们想要做的是让计算机在屏幕上输出一些内容。

图 1-2-1

 cout 输出语句

cout 是 C++的输出语句。C++的输出和输入是通过“流”(stream)的方式实现的。

1. cout 的结构

①“cout”：由 c 和 out 组成，输出的意思。

②“<<”：说话需要嘴巴，因此这里的符号就像是人的嘴巴，真实的作用是把多项输出的内容连接在一起。

③“""”：放在双引号里的内容会进行原样输出，哪怕是一个空格也会输出。

④“;”：分号表示一个程序语句的结束，是一个语句结束的标志。

cout 语句的一般格式为：

```
cout<<项目 1<<项目 2<<…<<项目 n;
```

功能：

①如果项目是表达式，则输出表达式的值。

②如果项目加引号，则输出引号内的内容。

例题 1.2.1

写一个程序，输出“你好，C++”。

参考答案：

```
#include<iostream>
using namespace std;
int main(){
    cout<<"你好,C++"<<endl;
    return 0;
}
```

2. endl 换行语句

endl 是 end of line 的缩写，是结束当前行的意思。使用方式是放在 cout 语句中，并且把其后出现的内容换在下一行进行继续输出。

例题 1.2.2

小铭去买水果，买了 2 千克西瓜和 3 千克葡萄，请问小铭一共买了多少千克水果？

参考答案：

```
#include<iostream>
using namespace std;
int main(){
    cout<<2+3<<endl;
    return 0;
}
```

学

学习内容:cout 语句、endl 换行语句

1. cout **语句**

```
#include<iostream>
using namespace std;
int main(){
    cout<<"78+59"<<"="<<78+59<<endl;
    cout<<"78-59"<<"="<<78-59<<endl;
    cout<<"78*59"<<"="<<78*59<<endl;
    cout<<"78/59"<<"="<<78/59<<endl;
    cout<<"78%59"<<"="<<78%59<<endl;
    return 0;
}
```

①双引号里的内容原样输出。
②endl 起到换行作用,是功能语句。
③算式直接放在 cout 输出的内容中,会先算出结果再输出。

2. endl **换行语句**

```
#include<iostream>
using namespace std;
int main(){
    cout<<"78+59="<<78+59<<endl<<" "<<123;
    return 0;
}
```

输出内容为:

```
78+59=137
 123
```

遇到 endl 之后,后面的所有内容均会换行输出。

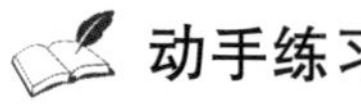

动手练习

【练习 1.2.1】

题目描述

编写程序完成输出 23 和 12 的加、减、乘、除、取余运算的结果，一行一个。

小可的答案

```
#include<iostream>
using namespace std;
int main(){
    cout<<"23+12"<<"="<<23+12<<endl;
    cout<<"23-12"<<"="<<23-12<<endl;
    cout<< "23*12"<<"="<<23*12<<endl;
    cout<<"23/12"<<"="<<23/12<<endl;
    cout<<"23%12"<<"="<<23%12<<endl;
    return 0;
}
```

关注“小可学编程”微信公众号，获取答案解析和更多编程练习。

【练习 1.2.2】

题目描述

输出如图 1-2-2 所示的图形。

```
    *
  * *
* * *
```

图 1-2-2

小可的答案

```
#include<iostream>
using namespace std;
int main(){
    cout<<"    * "<<endl;
    cout<<"  * * "<<endl;
    cout<<"* * * "<<endl;
    return 0;
}
```

第 3 节 算术运算符与变量

在刚才学过的 cout 语句中，我们发现对于算式进行输出的时候，如果不用双引号引用则会先将结果运算出来再进行输出，而这个运算的过程就用到了我们接下来要讲的算术运算符。但是，这里的算术运算符和我们学过的数学中的运算符有一些细微的差距。这些差距是什么呢？接下来我们一起来看一下吧。

算术运算符

C++语言为算术运算提供了五种基本算术运算符号：加(+)、减(-)、乘(*)、除(/)、模(%)，如表 1-3-1 所示。

表 1-3-1

运算符	含义	说明	例子
+	加法	加法运算	5+1=6
-	减法	减法运算	13-5=8
*	乘法	乘法运算	5*4=20
/	除法	两个整数相除的结果是整数，去掉小数部分	3/2=1
%	模	模运算的结果符号取决于被除数的符号	8%3=2

上述运算符的优先级与数学中相同，“*”“/”“%”高于“+”“-”。

①两个整数相除的商为整数。

2/3=0　　　5/3=1

②求余运算符“%”只对整数有意义，“%”的两个操作数都是整数。

7%4=3　　　4%7=4

③求一个数的个位数。

2%10=2

103%10=3

1549%10=9

④删除一个数的个位数。

2/10=0

103/10=10

1549/10=154

例题 1.3.1

a=78,b=59,请大家自制一个算术计算器,计算并输出“78+59”“78−59”“78*59”“78/59”和“78%59”的值。

参考答案:

```
#include<iostream>
using namespace std;
int main(){
    cout<<"78+59"<<"="<<78+59<<endl;
    cout<<"78-59"<<"="<<78-59<<endl;
    cout<<"78*59"<<"="<<78*59<<endl;
    cout<<"78/59"<<"="<<78/59<<endl;
    cout<<"78%59"<<"="<<78%59<<endl;
    return 0;
}
```

例题 1.3.2

求 1548932 的个位数是多少?

参考答案:2

变量及相关操作

1. 变量的概念

在各学科的学习中,当求解一个问题时,对于数据我们并没有想得太多,在纸上爱怎么写就怎么写。然而,当把数据存储到计算机中时,计算机需要借助硬件实现数据的存放,这个硬件就是计算机的内存储器(简称“内存”)。那么,应该将数据存放在内存的什么位置呢?在计算机高级语言中,通常用变量名标识数据放在存储器的位置,同时需要指明给变量名所在位置开辟多大的空间。那么,应该依据什么来开辟空间的大小呢?我们自然会想应该依据放入变量中数据可能出现的大小。为了能够规范地开辟空间,高级语言对数据进行了分类,称为“数据类型”,给变量开辟对应大小的存储空间来存放数据,就相当于为数据建立了一个小房子，并给它起了一个名字，叫作“变量名”，之后再运用该变量时使用其名字来表示它即可。示例如图 1-3-1 所示。

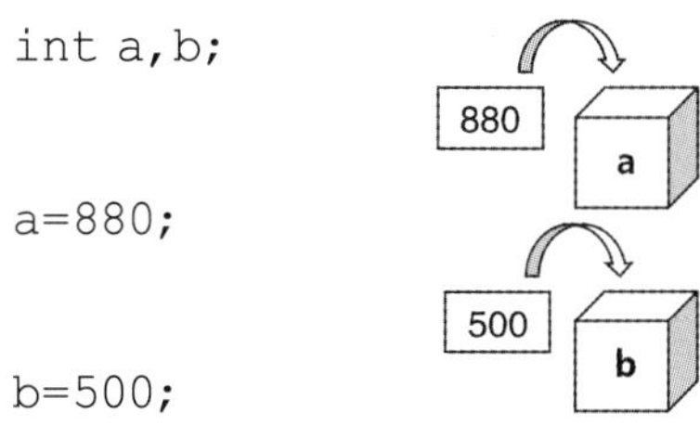

图 1-3-1

2. 变量名

变量是个多义词，在计算机语言中变量表示某个存储数据空间的名称。因此，命名时要遵守一定的规则。

C++语言变量命名的规则如下：

①变量名中只能出现字母(A～Z、a～z)、数字(0～9)和下划线。

②第一个字符不能是数字，例如 2Server 就不是一个合法的 C++变量名。

③不能是 C++关键字。所谓“关键字”，即 C++中已经定义好的、有特殊含义的单词。

④区分大小写，例如 A1 和 a1 是两个不同的变量。

为了便于阅读，变量的命名最好采用有含义的英文单词或英文单词组合。变量名不宜太长，太长容易写错，一般长度控制在 15 个字符之内。

例题 1.3.3

判断下列变量名的合法性：

①M. D. John

②day

③Date

④3days

⑤student_name

⑥＃33

⑦lotus_1_2_3

⑧a>b

⑨＄123t

参考答案：

①错误，点不是命名规则中合法的符号。

②正确。

③正确。

④错误,数字不能开头。

⑤正确。

⑥错误,“#”不是命名规则中合法的符号。

⑦正确。

⑧错误,“＞”不是命名规则中合法的符号。

⑨错误,“$”不是命名规则中合法的符号。

3. 变量赋值

赋值语句的格式为:

```
变量  赋值运算符  表达式;
```

赋值语句的意思是将运算的结果放到变量中存储起来。

赋值运算符用于对变量进行赋值。现阶段我们常用的只有简单赋值(=)这种形式,即把赋值符号右侧的值赋值给左侧的变量。例如:

```
int a,b;     //变量声明
a=880;      //赋值符"="将右侧的值赋给左侧变量
b=500;
```

例题 1.3.4

广场长 880 米、宽 500 米,它的面积是多大呢?

参考答案:

```
#include<iostream>
using namespace std;
int main(){
    int a,b;
    a=880;
    b=500;
    cout<<"广场的面积:";
    cout<<a*b<<"平方米";
    return 0;
}
```

4. 交换两个变量中的值

在了解交换变量之前,我们要先了解一个概念:重赋值。

在执行下列代码后，大家可以考虑下输出的答案是多少。

```
#include<iostream>
using namespace std;
int main(){
    int a,b;
    a=1;
    a=2;
    a=3;
    cout<<a;
    return 0;
}
```

也许大家的答案是 1、是 2、是 3，或者是 123。其实，这道题正确的答案应该是 3。它的原因是一个变量只能够存储一个数，后来的数会把前面的数给顶替掉，这个过程就是变量的重赋值（见图 1-3-2）。

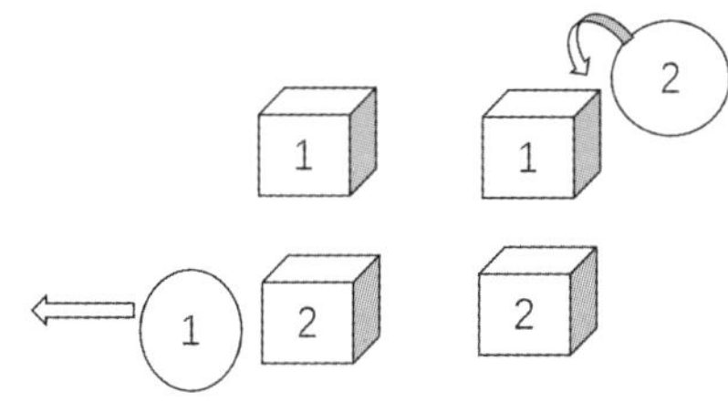

图 1-3-2

假如要交换两个变量，那么我们可不可以这么做呢？

```
#include <iostream>
using namespace std;
int main(){
    int a,b;
    a=5;
    b=6;
    a=b;
    b=a;
    cout<<a<<" "<<b<<endl;
    return 0;
}
```

分析:通过读程序我们可以看到,首先给变量 a 赋值 5、变量 b 赋值 6,然后把 b 的值赋值给 a,此时 a 和 b 里面存储的都是 6,再执行把 a 的值赋值给 b 时,变量 a 与 b 里面的值还是 6。所以,并没有达到我们交换变量的目的。

那么,我们可不可以这么写?

```
#include <iostream>
using namespace std;
int main(){
    int a,b,t;
    a=5;
    b=6;
    t=a;
    a=b;
    b=t;
    cout<<a<<" "<<b<<endl;
    return 0;
}
```

分析:这个代码跟上一个的最大不同是引入了第三个变量 t。对变量 a 和 b 赋初值之后,先将 a 里面的值给了 t,这时候变量 t 里面存储的就是 a 的值,之后将 b 的值赋值给 a,此时 a 和 b 里面的值都是 6。最后一步也是最关键的一步,把 t 里面的值赋值给 b,这时候 b 里面的值就改变为 5 了,这样就实现了变量的交换(见图 1-3-3)。

交换变量时,我们可以使用一个中间变量进行数据的过渡,这样就可以实现两个变量值的交换。

一般来说,我们进行变量的交换时都将第三个变量定义为 t:

```
t=a;
a=b;
b=t;
```

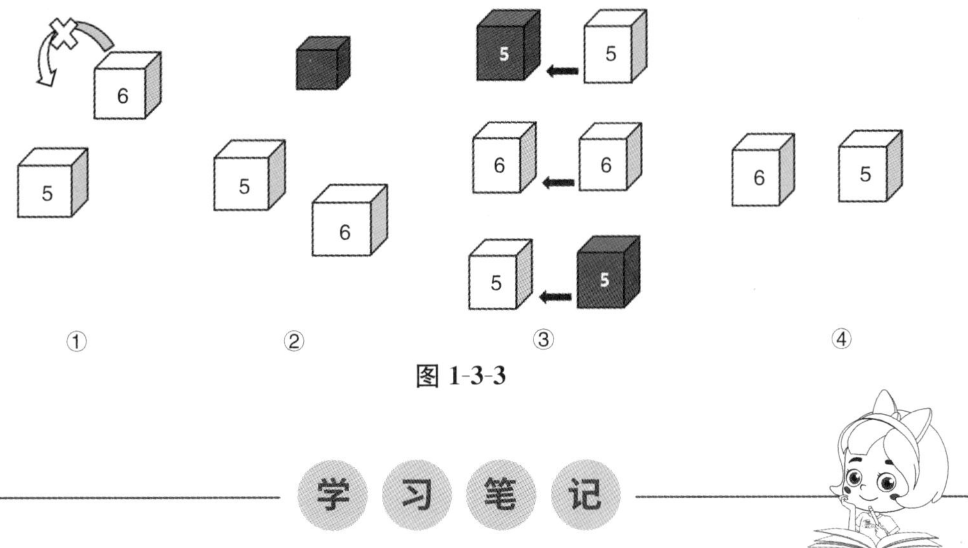

图 1-3-3

学习笔记

学习内容:算术运算符、“/10”与“%10”、变量、变量的重赋值与变量交换

1.算术运算符

算术运算符包含“+”“-”“*”“/”“%”五种,其中“/”两边都是整数的话结果只保留整数商,而取余运算只对整数有意义。

2.“/10”与“%10”

“/10”可以消掉一个数的个位数;“%10”可以获取一个数的个位数。

3.变量

变量相当于在计算机中建造了一个小房子供数据居住。

C++语言变量的命名规则如下:

①变量名中只能出现字母(A~Z、a~z)、数字(0~9)和下划线。

②第一个字符不能是数字,例如 2Server 不是一个合法的 C++变量。

③不能是 C++关键字。所谓“关键字”,即 C++中已经定义好的、有特殊含义的单词。

④区分大小写,例如 A1 和 a1 是两个不同的变量。

4.变量的重赋值与变量交换

重赋值:对一个变量进行多次赋值,会以最后一次赋值的数为变量的值,因为一个变量只能存储一个元素,后面的数会把前面的数替换掉。

变量交换:交换两个变量中的值需要引入中间变量 t 来进行帮助,写法是:

```
t=a;
a=b;
b=t;
```

动手练习

【练习 1.3.1】

题目描述

可达鸭的孟老师想要夜跑来锻炼身体，星期一晚上跑了 5 千米，第二天他觉得很累，晚上只跑了 3 千米。请问前两天他一共跑了几千米？

小可的答案

```
#include<iostream>
using namespace std;
int main(){
    int a,b;
    a=5;
    b=3;
    cout<<a+b;
    return 0;
}
```

关注“小可学编程”微信公众号，获取答案解析和更多编程练习。

进阶练习

【练习 1.3.2】

题目描述

孟老师每次夜跑后都会去水果店买一些水果来补充维生素。今天水果店有促销活动，0.5 千克桃子只卖 3 元，于是他买了 2 千克桃子。请大家算一下，今天孟老师买水果花了多少钱？

第 4 节 从键盘上读取信息——C++ 的输入

到目前为止，我们已经接触了很多用 C++来完成的题目，但是无一例外它们都是先给我们题目需要的数据之后我们再进行计算，而真正的试卷上不可能全都是这种题目。

如果遇到的题目是先不告诉我们数据，当我们运行程序再告知的话，我们又该如何做呢？

 cin 输入

首先，我们来看这样一道题目：五年级一班共有 35 名同学，准备乘坐两辆车去公园，第一辆车已经坐了 18 名同学，另一辆车上需要坐几名同学？

根据题目给出的信息，我们不难做出这道题目。通过定义变量的方式，这道题目的做法是：

```
#include<iostream>
using namespace std;
int main(){
    int a,b,c;     //先声明变量 a,b,c
    a=35;
    b=18;
    c=a-b;
    cout<<c<<"名同学";
    return 0;
}
```

但是如果在运行程序之前，我们不知道五年级一班的总人数的话，那么这道题就没有办法做出来了，因为我们不知道该如何给变量 a 赋值。

这里就要用到本小节的新内容，从键盘上读取信息——cin 语句。cin 是 C++的输入语句，与 cout 语句一样。为了叙述方便，常常把由 cin 和运算符“>>”实现输入的语句称为“输入语句”或“cin 语句”。

①cin 语句和赋值语句的区别：

赋值语句：在程序运行的时候，会将赋值号"="右侧的值赋值给左侧的变量。

cin 语句：在程序运行的时候，先等待我们从键盘上输入数据，之后再将输入的数赋值给对应的变量。

②cin 语句的一般格式为：

```
cin>>变量 1>>变量 2>>……>>变量 n;
```

与 cout 类似，一个 cin 语句可以分写成若干行，如：

```
cin>>a>>b>>c>>d;
```

也可以写成：

```
cin>>a;
cin>>b;
cin>>c;
cin>>d;
```

当输入 43 和 2 时，计算机怎样区分这两个数字，而不会把它们当作 432(见图 1-4-1)?

```
43 2
432
```

图 1-4-1

因为一个变量可以存一个数，因此我们在输入数字的时候如果存在多个数要输入到多个变量的情况，应该用空格或者换行进行间隔。cin 把空格和换行作为一次输入的结束。

当输入下一个数字时，需要使用空格键或回车键。

对应不同的输入方式，分析程序的运行结果，可以得出如下结论：

①cin 语句把空格字符和回车换行符作为分隔符，输入给变量。如果想将空格字符或回车换行符(或任何其他键盘上的字符)输入给字符变量，可以使用后面学习的 getchar 函数。

②cin 语句忽略多余的输入数据。

③在组织输入流数据时，要仔细分析 cin 语句中变量的类型，按照相应的格式输入，否则容易出错。

如以上书写变量值均可以从键盘输入：

43 2

也可以分多行输入：

43

2

例题 1.4.1

一只小松鼠为了度过济南的冬天，从现在开始收集食物。它平均每天能囤 3 个松果，请大家随机在键盘上输入一个整数，表示它收集松果的天数，输出在这些天内它能收集的松果数。

样例输入

```
10
```

样例输出

```
在 10 天内能收集 30 个松果
```

参考答案：

```
#include<iostream>
using namespace std;
int main(){
    int a,b;
    a=3;
    cin>>b;
    cout<<"在"<<b<<"天内能收集"<<a*b<<"个松果";
    return 0;
}
```

学习内容：cin 输入语句、多个变量的输入

1. cin **输入语句**

cin 语句的写法格式为：

```
cin>>a>>b>>c>>d;
```

2. **多个变量的输入**

对于多个变量的输入，运行程序时，用空格或者换行来间隔多个要输入的数。

动手练习

【练习 1.4.1】

题目描述

学校向全校师生发出“植树造林，还我绿色”的倡议，鼓励大家多植树，同学们都积极响应。一班有 43 人，平均每人种 2 棵树；二班有 42 人，平均每人种 3 棵树；三班有 45 人，平均每人种 2 棵树；四班有 46 人，平均每人种 4 棵数。请依次计算出每个班种树的总棵数。

班级	总人数	每人种的棵数	总棵数
一班	43	2	43×2=86
二班	42	3	42×3=126
三班	45	2	45×2=90
四班	46	4	46×4=184

小可的答案

每班植树棵数=每班人数×每人种的棵数。

分析：

请先思考如何算出一班种树的棵数。

①向计算机申请三个变量 a,b,c，变量 a 存放一班的总人数、变量 b 存放每人种的棵数。

②用键盘对 a,b 进行赋值(cin)。

③计算一班种树的棵数“c=a*b;”。

④输出一班种树的棵数“cout<<c;”。

关注“小可学编程”微信公众号，获取答案解析和更多编程练习。

```
#include<iostream>
using namespace std;
int main(){
    int a,b,c;
    cout<<"请输入人数和平均每人种树的棵数:";
    cin>>a;
    cin>>b;
    c=a*b;
    cout<<"总的棵数:"<<c<<endl;
    return 0;
}
```

进阶练习

【练习 1.4.2】

题目描述

输入两个整数，分别作为被除数和除数，求它们相除得到的整数商和余数。

输入

输入是一行，包含两个整数，依次为被除数和除数（除数非零），中间用一个空格隔开。

输出

输出是一行，包含两个整数，依次为整数商和余数，中间用一个空格隔开。

样例输入

```
12 5
```

样例输出

```
2 2
```

【练习 1.4.3】

题目描述

我们平时数数都是从左向右数的，但是我们的小白同学最近听说德国人数数和我们有些不同，他们正好和我们相反，是从右向左数的，因此当他们看到“123”时会说“321”。现在，一位德国来的教授在可达鸭进行关于 NOIP 的讲座，他聘请你来担任他的助理，会给你一些资料让你找到这些资料在书中的页数。现在你已经找到了对应的页码，要用德国人数数的习惯，把页码告诉他。

输入

输入是一个整数 t（$100 \leqslant t \leqslant 999$）。

输出

输出是一个整数 b。

样例输入

```
451
```

样例输出

```
154
```

第 5 节　数据类型与数据类型转换

斜拉桥又称“斜张桥”，是将主梁用许多拉索直接拉在桥塔上的一种桥梁，是大跨度桥梁的最主要桥型。目前，世界上建成的最大跨径的斜拉桥为俄罗斯的俄罗斯岛大桥，主跨径为 1104 米。斜拉桥上的拉索构成的图形是三角形（见图 1-5-1），同学们知道三角形的面积该如何计算吗？

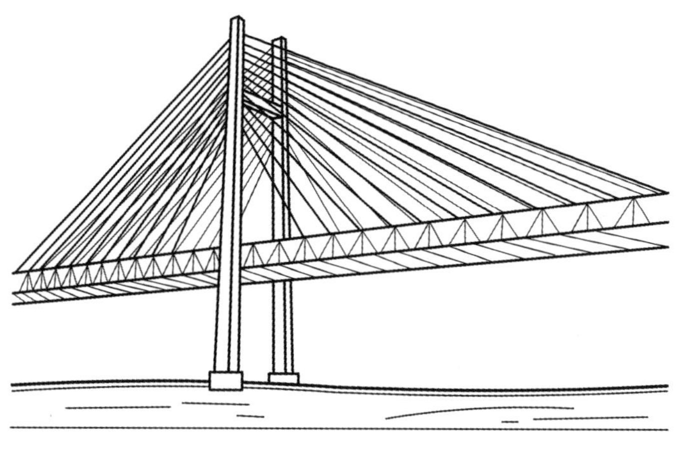

图 1-5-1

常用数据类型

在各学科的学习中，当求解一个问题时，对于数据我们并没有想得太多，在纸上爱怎么写就怎么写。然而，当把数据存储到计算机中时，计算机需要借助硬件实现数据的存放，这个硬件就是计算机的内存储器（简称“内存”）。那么，应该将数据存放到内存的什么位置呢？在计算机高级语言中，通常用变量名标识数据放在存储器的位置，同时需要指明给变量名所在位置开辟多大的空间。那么，应该依据什么来开辟空间的大小呢？我们自然会想应该依据放入变量中数据可能出现的大小。为了能够规范地开辟空间，高级语言对数据进行了分类，称之为“数据类型”，给变量开辟对应大小的存储空间来存放数据。

现在给大家一个任务，斜拉桥的侧面由四个大小相等的等腰三角形构成，请大家试着编写一个程序，输入底和高，即可输出三角形的面积，如三角形的高和底分别为 3 和 5。

```
#include <iostream>
using namespace std;
int main(){
    int a,h,s;
    cout<<"请分别输入底和高:";
    cin>>a>>h;
    s=a*h/2;
    cout<<"s="<<s<<endl;
    return 0;
}
```

思考:为什么程序输出的是 7,而不是 7.5?

因为在这道题目中,我们使用的 int 其实是数据类型中的整数数据类型,而整数在进行除法运算的时候结果只保留整数商,因此得不到精确答案。

那我们如何才能获取精确答案呢?我们只要想办法破坏掉整除运算的现状就好啦。

那要如何打破整除运算呢?只需要让其中的一个数据变成小数就可以了!

那么,计算机如何处理小数呢?

为了准确计算结果,我们引入另外一种数据类型:单精度浮点数数据类型,即 float,其一般格式为:

```
float b;      //float 规定变量 b 可以存放小数
```

回到等腰三角形的问题中来,把 a,h,s 都定义为 float 类型,看看程序的运行结果是什么?

```
#include <iostream>
using namespace std;
int main(){
    float a,h,s;
    cout<<"请分别输入底和高:";
    cin>>a>>h;
    s=a*h/2;
    cout<<"s="<<s<<endl;
    return 0;
}
```

此时的结果为 7.5,即得到了精确结果。

除了 float 之外,C++中还有另外一个常用的存储小数的数据类型:双精度浮点数数据类型,即 double,其一般格式为:

```
double c;
```

①规定变量 c 可以存放小数。

②double 的精度大于 float。

③double 的范围大于 float。

定义存放不同数据类型的变量如下:

```
int a;      //变量 a 中可以存放整数
float b;      //变量 b 中可以存放 float 类型的小数
double c;      //变量 c 中可以存放 double 类型的小数
```

当题目没有特殊要求的时候,我们通常选择用 double 定义小数数据类型。

数据类型转换

思考:如果想计算 5+3.2 这类既有整数又有小数的算数表达式,那计算机如何计算呢?结果应该用哪种数据类型的变量表示?在运算和赋值过程中遇到不一样的数据类型时,程序语言按什么规则实现转换呢?为了回答这些问题,我们将学习 C++语言中的数据类型转换。

数据类型转换就是将数据(变量、表达式的结果)从一种类型转换到另一种类型。例如,为了保存小数可以将 int 类型的变量转换为 float 类型。数据类型转换有自动类型转换和强制类型转换两种。

1. 自动类型转换

在不同数据类型的混合运算中,编译器会隐式地进行数据类型转换,称为“自动类型转换”。

自动类型转换遵循下面的规则:

①若参与运算的数据类型不同,则先转换成同一类型,然后进行运算。

②转换按数据长度增加的方向进行,以保证精度不降低。例如 int 类型和 long 类型运算时,先把 int 类型转成 long 类型后再进行运算。

即当参加算术或比较运算的两个操作数类型不统一时,将简单类型向复杂类型转换(见图 1-5-2 和表 1-5-1)。

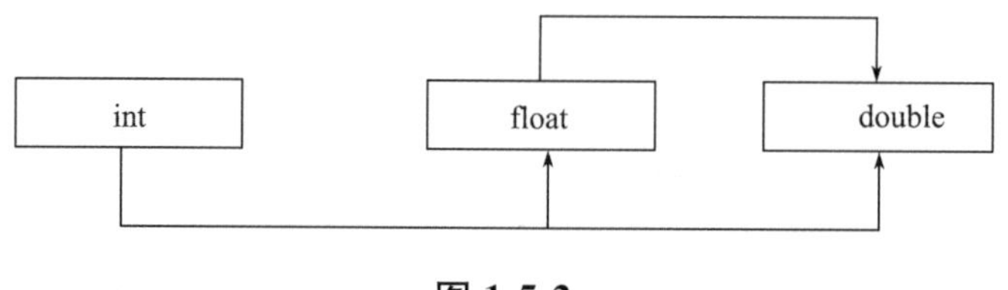

图 1-5-2

表 1-5-1

混合表达式	值
3/2+5.0	=1+5.0 =1.0+5.0 =6.0
1.6/2+5	=1.6/2.0+5 =0.8+5 =0.8+5.0 =5.8
1.0×3+7/5	=3.0+1 =3.0+1.0 =4.0

2.强制类型转换

我们发现在自动类型转换的路径中，没有小数向整数转化的方法，那能不能将浮点型数据转变为整型数据呢？

```
float->int
double->int
```

当自动类型转换不能实现目的时，可以显式进行类型转换，称为“强制类型转换”。

强制类型转换的一般形式为：

(类型名)(表达式)
(类型名)变量

如：“(double)a”是将“a”转换成 double 类型；“(int)(x+y)”是将“x+y”的值转换成整型；“(float)(5%3)”是将“5%3”的值转换成 float 类型。

需注意的是，无论是强制类型转换还是自动类型转换，都只是为了本次运算的需要而对变量的数据长度进行的临时性转换，不改变数据说明时对该变量定义的类型。

```
(float)(3/2)=1.0
(float)(3)/2=1.5
(float)3/2=1.5
(int)3.6=3
```

思考：为什么“(float)(3/2)”是“1.0”而不是“1.5”？

因为括号的优先级是很高的，在进行类型转换前，“3/2”会先按照整除运算进行运算(答案为 1)，之后再强制类型转换为“1.0”。

例题 1.5.1

修建一条公路,已经修好了 a 千米,剩余 b 千米未建好,编写程序计算公路全长是多少千米。

样例输入

```
134.5  13.6
```

样例输出

```
公路全长 148 千米
```

参考答案:

```
#include<iostream>
using namespace std;
int main(){
    double a,b;
    cin>>a>>b;
    cout<<"公路全长"<<int(a+b)<<"千米"<<endl;
    return 0;
}
```

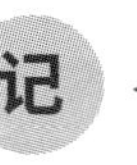

学习内容:数据类型、数据类型转换

1. **数据类型**

int,整数数据类型;float,单精度浮点数数据类型;double,双精度浮点数数据类型。

2. **数据类型转换**

自动类型转换:int->float int->double float->double

强制类型转换:**(类型名)表达式**

如果要将一个和变量类型不一样的数据放入到该变量中,需先进行强制类型转换。

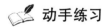

动手练习

【练习 1.5.1】

题目描述

写出下面代码段执行的结果。

```
1.int a;
  a=(int)7.9;
  a=________;
2.float a;
  a=(float)5/2;
  a=________;
3.int a;
  a=(float)(15/2);
  a=________;
4.float a;
  a=(float)(15/2);
  a=________;
```

小可的答案

```
1.7
2.2.5
3.7
4.7.0
```

 **进阶练习**

【练习 1.5.2】

题目描述

一台织布机 h 小时能织布 s 米,请编写程序计算每小时织布多少米。

输入

两个整数:h 和 s。

输出

结果为一个浮点型数据。

样例输入

```
5  1248
```

样例输出

```
249.6
```

第 6 节　保留小数位数

经过上一节课的学习，我们知道在程序中不止有 int 整数这一种类型，还有 float 和 double 这两种小数的数据类型。而对于小数而言，有的题目会有特殊的要求，比如精确到多少位。那么，对于这类题目我们应该怎么去做呢？

保留小数位数

在数学里，我们在做小数的相关题目时，经常会遇到这种题目，计算出算式结果，并且结果保留 3 位小数。在我们的编程题目中，同样也会有这样的题目，特别是在有小数参与的题目中经常会出现这样的问题。

例题 1.6.1

读入一个单精度浮点数(float)，保留 3 位小数输出这个浮点数。

解析：该题目需要我们读入 float 类型的单精度浮点数，因此需要定义 float 类型的变量，并且通过输入语句 cin 向其赋值，问题的关键是结尾时我们应该用什么方法来保留三位小数。

参考答案：

```
#include<iostream>
#include<iomanip>
using namespace std;
int main(){
    float a;
    cin>>a;
    cout<<fixed<<setprecision(3)<<a;
    return 0;
}
```

其中“fixed<<setprecision(3)”是格式函数，其作用是让其后面的输出值保留小数点后三位。

使用格式函数需要头文件“#include<iomanip>”。

实验：

①删除程序中“#include<iomanip>”头文件，编译运行程序，说明其作用。

②尝试改变表达式。

③尝试改变“fixed<<setprecision(3)”格式函数括号中的数字，运行程序，体验格式函数的作用。

④尝试改变“fixed<<setprecision(3)”格式函数后面的变量个数，看看最终输出的结果是什么样子的。

若是格式函数后面的变量很多，那这些变量都会按照格式函数的保留位数进行小数位数保留。

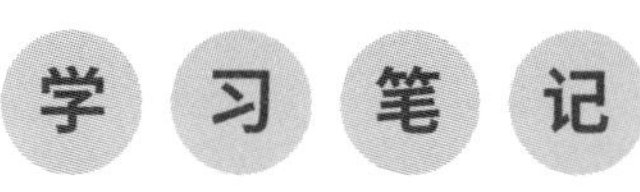

学习内容：保留小数位数

格式函数“fixed<<setprecision(n)”使得其后的输出值全部保留小数点后 n 位。

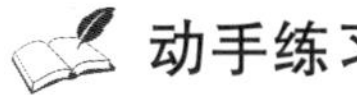

动手练习

【练习 1.6.1】

题目描述

已知摄氏温度与华氏温度的转换公式如下：C=5/9×(F−32)。其中，C 为摄氏温度，F 为华氏温度。现在要求编写程序将任意输入的华氏温度转换为摄氏温度。结果保留两位小数。

输入

一个华氏温度，浮点数。

输出

摄氏温度，浮点两位小数。

样例输入

```
50.0
```

样例输出

```
10.00
```

小可的答案

```cpp
#include<iostream>
#include<iomanip>
using namespace std;
int main(){
    double C,F;
    cin>>F;
    C=5.0/9*(F- 32);
    cout<<fixed<<setprecision(2)<<C;
    return 0;
}
```

关注“小可学编程”微信公众号，获取答案解析和更多编程练习。

进阶练习

【练习 1.6.2】

题目描述

甲流并不可怕，在中国，它的死亡率并不是很高。请根据截至 2009 年 12 月 22 日各省报告的甲流确诊数和死亡数，计算甲流在各省的死亡率(输出以百分数形式输出，精确到小数点后三位)。

输入

输入一行，有两个整数。第一个为确诊数，第二个为死亡数。

输出

输出一行，为此流感的死亡率，以百分数形式输出，精确到小数点后三位。

样例输入

```
10433 60
```

样例输出

```
0.575%
```

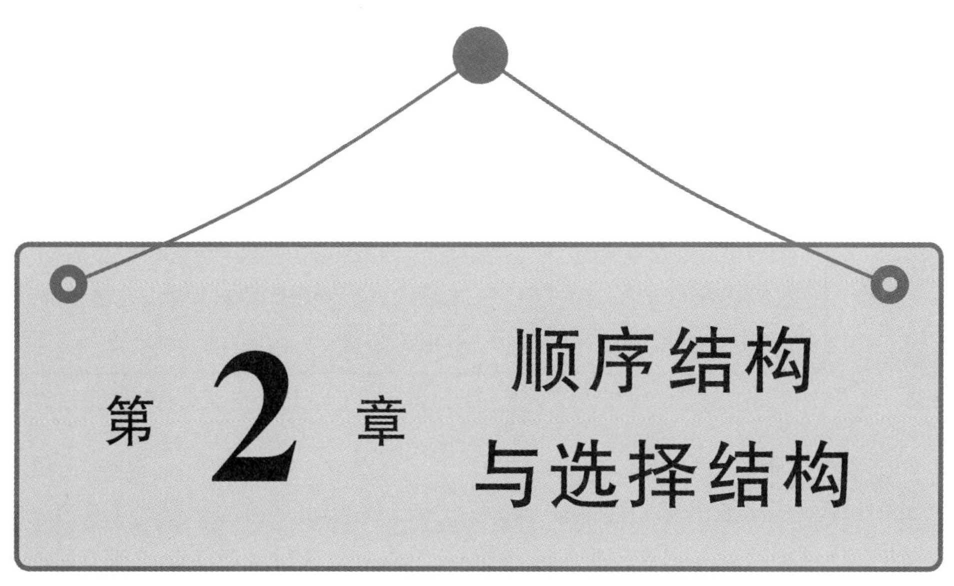

第 2 章 顺序结构与选择结构

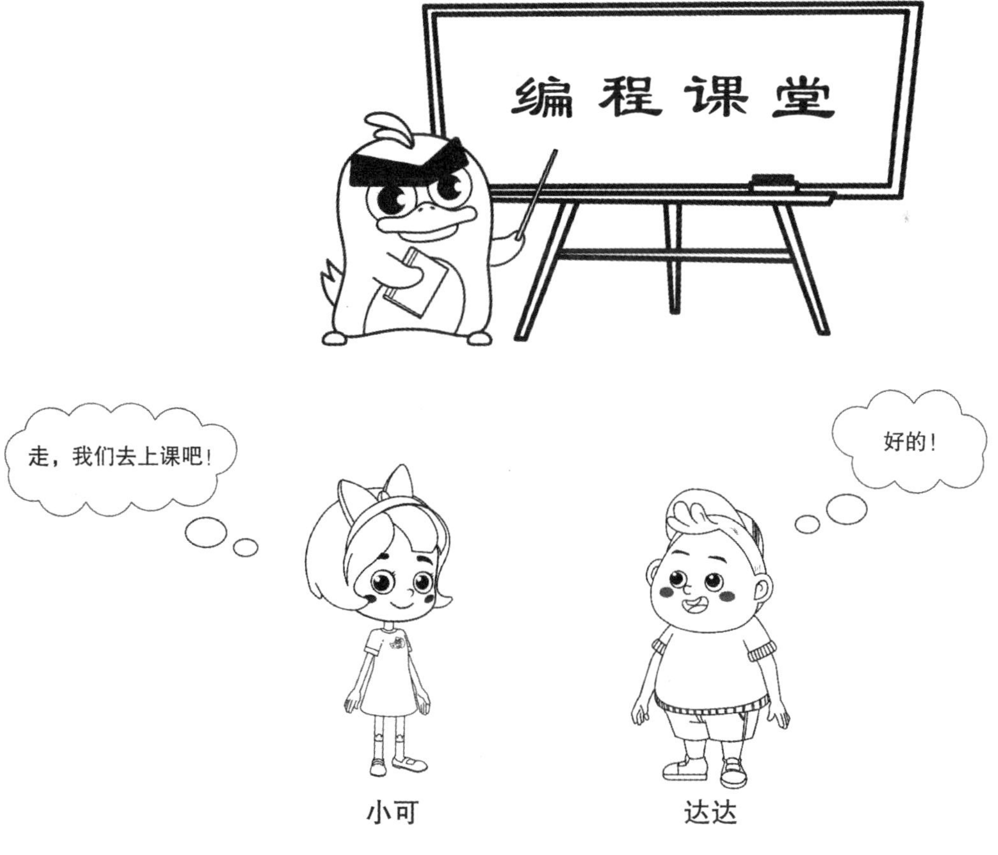

编程课堂
走，我们去上课吧！
好的！
小可
达达

第 1 节　顺序结构

同学们应该都被问过这样一个问题,如果要把一头大象塞到冰箱里,需要多少步?首先要打开冰箱门,然后把大象塞进冰箱,最后把冰箱门关上。这些步骤不可缺少,也不可颠倒。

顺序结构

所谓"顺序结构",就是程序一步一步地执行。main 函数里的每一句话都会被执行,且是从第一句,一句一句地执行到最后一句,结束程序。下面我们将通过几个例题,更好地认识顺序结构。

例题 2.1.1

可达鸭的孟老师让学员们制作一个计算器,其中的功能为:输入两个整数(保证第 2 个数非零),计算并输出两个数的和、差、积、商以及余数(见图 2-1-1)。

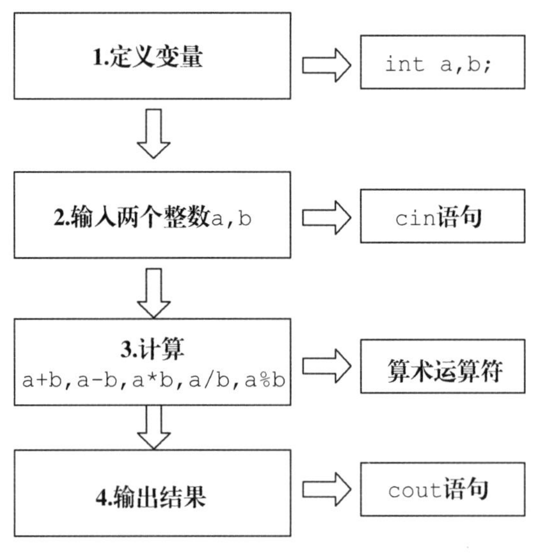

图 2-1-1

参考答案:

```
#include<iostream>
using namespace std;
int main() {
    int a,b;
    cin>>a>>b;
    cout<<a<<"+"<<b<<"=" <<(a+b)<<endl;
    cout<<a<<"-"<<b<<"=" <<(a-b)<<endl;
    cout<<a<<"*"<<b<<"=" <<(a*b)<<endl;
    cout<<a<<"/"<<b<<"=" <<(a/b)<<endl;
    cout<<a<<"%"<<b<<"= " <<(a%b)<<endl;
    return 0;
}
```

像例题 2.1.1 这样的,main 函数里的每一句话都被执行过且是按照如上所述的步骤一步一步地执行,从第一句开始,一句一句地执行到最后一句,这样的程序就使用了顺序结构。

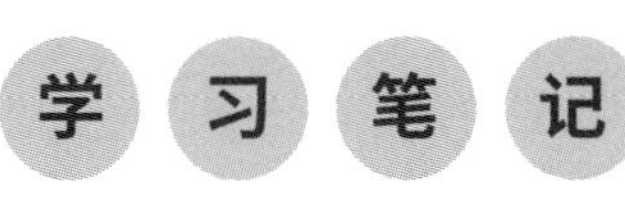

学习内容:顺序结构

main 函数里的每一句话都被执行过且是按照步骤一步一步地执行,从第一句开始,一句一句地执行到最后一句,这样的程序就使用了顺序结构。

动手练习

【练习 2.1.1】

题目描述

输入一个正整数代表秒数(即从某日 0 点 0 分开始到现在所经历的时间),计算输入秒数所代表的时间已经过了几天,现在的时间是多少,按时:分:秒的格式输出时间。

输入

输入仅 1 行,输入一个正整数(代表秒数)。

输出

输出 2 行，第一行为天数，第二行为时间，格式为时:分:秒。

样例输入

```
1234567
```

样例输出

```
14
6:56:7
```

小可的答案

```
#include<iostream>
using namespace std;
int main() {
    int n,s,m,h,days,time;
    cin>>n;
    days=n/(24 * 3600);
    time=n%(24 * 3600);
    h=time/3600;
    m=time%3600/60;
    s=time%60;
    cout<<days<<endl;
    cout<<h<<":"<<m<<":"<<s<<endl;
    return  0;
}
```

关注“小可学编程”微信公众号，获取答案解析和更多编程练习。

进阶练习

【练习 2.1.2】

题目描述

小明在家玩游戏时有时间的限制，一个星期只能玩 3 天，现在输入三个浮点型数据表示他三天玩游戏的时间，求出小明一个星期中 3 天内每天玩游戏时间的平均值并输出(保留两位小数)。

输入

三个小数，表示 3 天的游戏时间。

输出

保留两位小数的结果。

样例输入

```
1.1  1.2  1.3
```

样例输出

```
1.20
```

【练习 2.1.3】

题目描述

元旦快到了,为了庆祝,可达鸭的老师们要举办活动,而且因老师人数太多所以要分组进行活动。因为各个老师不确定元旦那天是否有时间,现在由可达鸭王老师统计并确定参加元旦活动的人数。参加活动时,每组至少有 3 人,至多不超过 5 人。现要求编程输入元旦前来的老师人数,并输出最多可以分的组数(据可靠消息,当天来参加活动的老师不少于 12 人)。

输入

一个正整数,代表参加活动的老师人数。

输出

一个正整数,代表分组数。

样例输入

```
14
```

样例输出

```
4
```

第 2 节　关系运算符与逻辑运算符

智商(IQ)反映人的聪明程度,这是法国心理学家比奈提出的。他将人的平均智商定为 100。分数越高,表示越聪明,智商就越高,140 分以上者称为“天才”。能不能编写一个程序,输入一个 200 以内的整数作为 IQ 值,判断是不是天才?

关系运算符

首先,对于输入和输出大家已经能够很熟练地应用了,但是对于这道题目还有一个很大的问题需要解决,那就是如何判断输入的数值和 140 的大小关系(见图 2-2-1)。那么,计算机可以判断它们谁大、谁小吗?

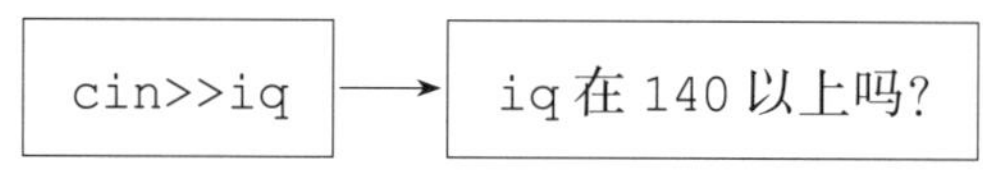

图 2-2-1

其实,计算机和人一样,也可以判断大小。它不仅可以告诉你这两个数的和、差、积和商,还可以告诉你谁大、谁小。那么,计算机是如何判断谁大、谁小的呢?

用来判断两个数关系的符号叫“关系运算符”,如表 2-2-1 所示。注意:“=”是赋值,“==”才是判断相等。

表 2-2-1

意义	等于	大于	小于	大于等于	小于等于	不等于
符号	==	>	<	>=	<=	!=

用关系运算符将两个表达式连接起来的式子,称为“关系表达式”。关系表达式的一般形式可以表示为:

表达式　关系运算符　表达式

其中的表达式可以是算术表达式,也可以是关系表达式、逻辑表达式、赋值表达式、字符表达式。

关系表达式的值是一个逻辑值,即“真”或“假”。如果为“真”,则表示条件成立;如果为“假”,则表示条件不成立。例如,关系表达式“1==3”的值为“假”,“3>=0”的值为“真”。在

C++中,用数值 1 代表“真”,用数值 0 代表“假”,如表 2-2-2 所示。

例如:“3>5”是否正确?

首先,表达式的写法是正确的,因为大于号确实是关系表达式的一种,但是 3 显然不是大于 5 的,所以表达式在逻辑上是不成立的,它的逻辑值为“假”。

表 2-2-2

符号	意义	举例	结果
>	大于	10>5	1
>=	大于等于	10>=10	1
<	小于	10<5	0
<=	小于等于	10<=10	1
==	等于	10==5	0
!=	不等于	10!=5	1

关系运算时需要注意的问题如下:

①如果运算符左右两边类型不一致,首先自动进行类型转换,转换成相同的类型,然后再进行比较。例如:若“a=0,b=0.5”,转换成“a=0.0”,则“a<=b”的值为 1。

②关系运算符“>=”“<=”“==”“!=”在书写时,不要用空格将其分开,否则会产生语法错误。

例题 2.2.1

下列语句写法是否正确?如果正确,逻辑值是真还是假?

①5>=4

②7!=8

③1==2

④10<=7

⑤4=<7

⑥8=>3

参考答案:

①正确,1。

②正确,1。

③正确,0。

④正确,0。

⑤错误。

⑥错误。

逻辑运算符

对于有的题目，关系运算符还不能方便地帮助我们解决问题，比如这样一道题，求出三个数中最大的数。

对于这道题目而言，首先这个最大的数一定是比另外两个数都要大的数，而判断一个数比另一个数大的语句是一个关系语句。以 a，b，c 为例，假如 a 是最大的数，那么 a 仅仅满足“a>b”是不可以的，因为还有 c 的值我们并不确定，因此，a 必须满足“a>b”并且“a>c”才可以，而这个并且是什么呢？并且其实就是逻辑运算符中的与。那么，逻辑运算符都有哪些呢？

逻辑运算符如表 2-2-3 所示。

表 2-2-3

逻辑与	逻辑或	逻辑非
&&	||	!

优先级别如图 2-2-2 所示。

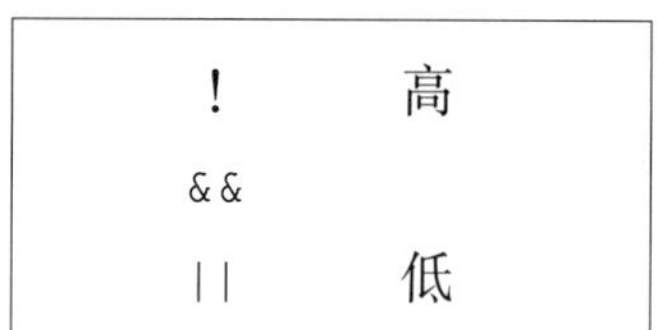

图 2-2-2

逻辑运算符中的“&&”和“||”低于关系运算符，“!”高于算术运算符。

将两个关系表达式用逻辑运算符连接起来的表达式，称为“逻辑表达式”。逻辑表达式的一般形式(逻辑非！运算符除外)可以表示为：

表达式　逻辑运算符　表达式

逻辑表达式的值是一个逻辑值。在 C++中，整型数据可以出现在逻辑表达式中。在进行逻辑运算时，根据整型数据的值是 0 或非 0，把它作为逻辑值“假”或“真”，然后参加逻辑运算。

下面给出逻辑运算真值表，约定：A，B 为两个条件，值为 0 表示条件不成立，值为 1 表示条件成立。

1. 逻辑非

真值表如下，经过逻辑非运算，其结果与原来相反(见表 2-2-4)。

表 2-2-4

A	!A
0	1
1	0

2. 逻辑与

真值表如下，若参加运算的某个条件不成立，其结果为不成立，只有当参加运算的条件都成立时，其结果才成立（见表 2-2-5）。

表 2-2-5

A	B	A&&B
0	0	0
0	1	0
1	0	0
1	1	1

3. 逻辑或

真值表如下，若参加运算的某个条件成立，其结果就成立，只有当参加运算的所有条件都不成立时，其结果才不成立（见表 2-2-6）。

表 2-2-6

A	B	A||B
0	0	0
0	1	1
1	0	1
1	1	1

各种运算符的优先级如表 2-2-7 所示。

表 2-2-7

优先级	运算符
1	()
2	!,+ (正),-(负),++,--
3	*,/,%

续表

优先级	运算符
4	+(加),-(减)
5	><
6	==,!=
7	&&
8	||
9	=

例题 2.2.2

现有语文、数学两门学科的成绩,两门成绩都及格时有奖励。变量 a 存储语文成绩,变量 b 存储数学成绩,成绩大于等于 60 分为及格,现在请写一个表达式来完成对于能获得奖励的成绩判断。

参考答案:“a>=60&&b>=60”。因为题目要求两门成绩都及格时才有奖励,因此要用逻辑与进行两个关系表达式的连接。

学习笔记

学习内容:关系运算符、逻辑运算符

1.**关系运算符:**>,<,>=,<=,==,!=

用关系运算符将两个表达式连接起来的式子,称为“关系表达式”。关系表达式的一般形式可以表示为:

表达式　关系运算符　表达式

关系表达式的值是一个逻辑值,即“真”或“假”。如果为“真”,则表示条件成立;如果为“假”,则表示条件不成立。

2.**逻辑运算符:**与 &&、或||、非!

将两个关系表达式用逻辑运算符连接起来的表达式,称为“逻辑表达式”。逻辑表达式的一般形式(逻辑非!运算符除外)可以表示为:

表达式　逻辑运算符　表达式

与 &&,两边同时成立,结果才为真。

或||,只要有一个成立,结果就为真。

非!,和原逻辑值取相反。

动手练习

【练习 2. 2. 1】

题目描述

若语文或者数学成绩有一门成绩优秀，则有奖励，请用表达式表述能够获得奖励的条件。

小可的答案

“a>=90||b>=90”。因为本题要求语文或者数学有一门成绩优秀就有奖励，因此用逻辑运算符或来连接两个关系表达式即可。

进阶练习

【练习 2. 2. 2】

题目描述

请计算出表达式“1==2&&!3||4&&5>6+7%8”最终的逻辑值(注意运算符的优先级)。

第 3 节　选择结构的三种形式

现在，我们已经知道计算机是如何判断两个数直接的关系，并且返回什么样子的值了，但是我们要如何让计算机根据结果进行相应的输出呢？这里就要用到我们选择结构的三种形式了。

if 单分支

假如现在想让计算机根据一个人的 IQ 值，判断他是否为天才，如果是则显示“天才”，如果不是则什么都不显示，应该怎么办？IQ 值在 140 分及以上者为天才。流程图如图 2-3-1 所示。

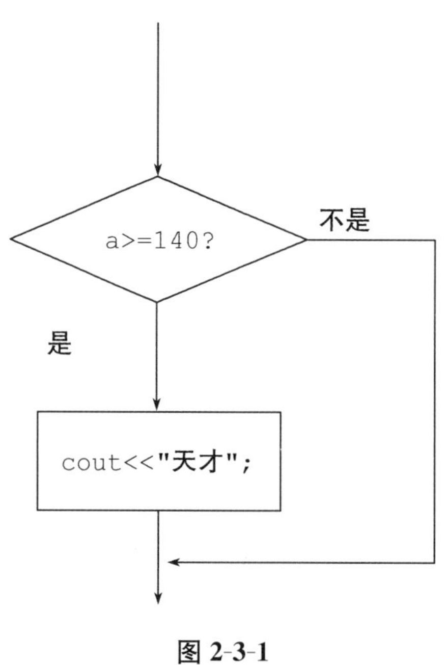

图 2-3-1

1. if 语句格式

```
if(表达式){语句;}
```

功能：当条件成立即表达式值为真时，执行“语句”，否则执行 if 语句下方的语句。执行流程如图 2-3-2 所示。

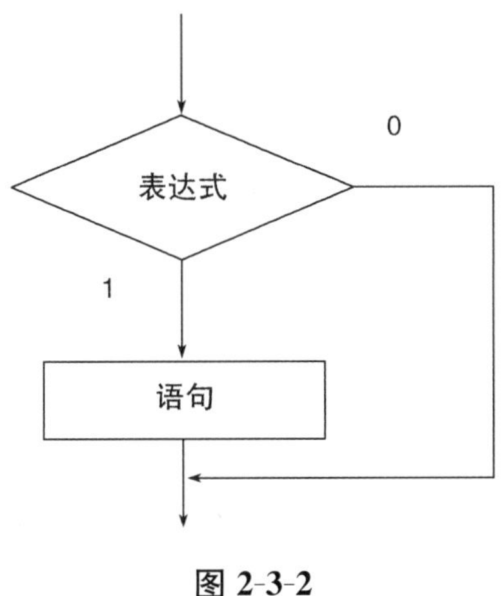

图 2-3-2

2. if 语句执行过程

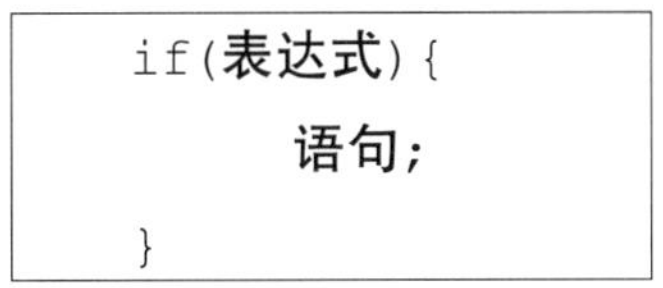

执行过程:当表达式值为真(非 0)时,执行语句,否则,不执行语句。

对于智商问题,我们可以这样分析:

第一步,申请一个小房子(变量)来储存这个数——定义变量。

第二步,将这个数存入变量中——输入。

第三步,判断这个数是否大于等于 140——if 语句。

第四步,输出计算机的判断结果——输出。

因此,本题目的代码形式为:

```
#include<iostream>
using namespace std;
int main() {
    int iq;
    cin>>iq;
    if(iq>=140) {
        cout<<"天才"<<endl;
    }
    return 0;
}
```

①if 语句的括号后面不要加分号,否则当 if 判断条件成立时,执行一条空语句。

②当 if 执行语句有多条时,必须加{},否则只把第一条语句作为执行语句。

例题 2.3.1

输入一个整数,如果其为正数,则输出“yes”。

流程图如图 2-3-3 所示。

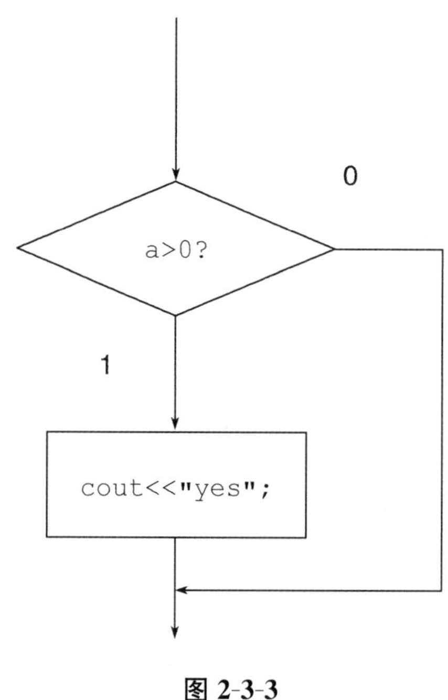

图 2-3-3

参考答案:

```
#include<iostream>
using namespace std;
int main() {
    int a;
    cin>>a;
    if(a>0) {
        cout<<"yes"<<endl;
    }
    return 0;
}
```

if…else 双分支

如果我们要做这样一道题目，编写一个程序，输入一分钟跳绳的次数，若大于等于 200 次，就输出“跳绳达人”，否则输出“继续努力”。

用我们刚刚学过的 if 单分支结构这道题也是能够很容易就做出来的，代码如下：

```
#include<iostream>
using namespace std;
int main(){
    int a;
    cin>>a;
    if(a>=200){
        cout<<"跳绳达人";
    }
    if(a<200){
        cout<<"继续努力";
    }
    return 0;
}
```

显然，这个代码有些麻烦。那么，要判断 a 的两种情况，有没有一种方法可以简化一下我们的代码呢？

这里就要用到我们接下来要学习的双分支结构了。我们发现，在上述代码中，其实两种情况恰好是对立的关系，也就是说二者必然有一种情况会出现。像这种题目，其实我们有一个很简单的做法，那就是选择用 else 来简化我们的代码。

else 是英文单词“否则、其他情况”的意思，正好能够对应我们想要的这种情况：如果怎么样，否则怎么样。这也构成了我们的双分支结构——if…else 双分支。

接下来，我们将刚才的题目改写成 if…else 双分支的形式，看看会变成什么样子。

```
#include<iostream>
using namespace std;
int main(){
    int a;
    cin>>a;
    if(a>=200){
        cout<<"跳绳达人";
    }
    else{
        cout<<"继续努力";
    }
    return 0;
}
```

大家会发现，代码简捷了不少，接下来就来具体了解下什么是 if…else 双分支结构。

if…else 语句的格式如下：

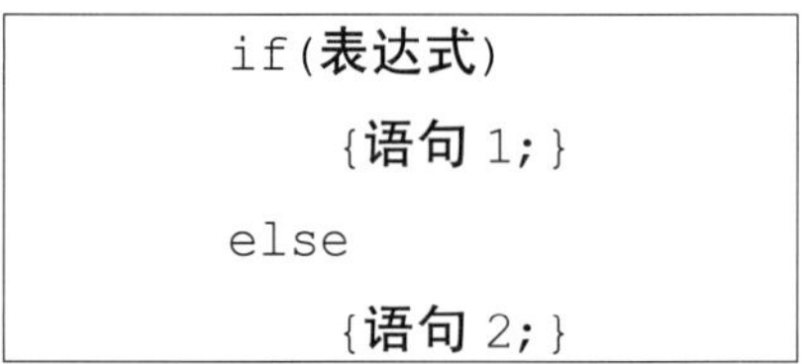

```
if(表达式)
    {语句 1;}
else
    {语句 2;}
```

功能：当条件成立即表达式为真值时，执行语句 1，否则执行语句 2。执行流程如图 2-3-4 所示。

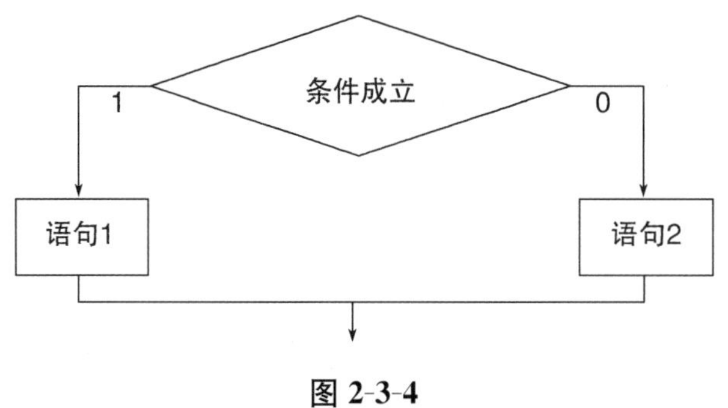

图 2-3-4

例题 2.3.2

从键盘上读入一个整数，判断这个数是否为 7 的倍数，或者是末尾含有 7 的数。

例如：7，14，17，21，27，28。如果是，则输出“yes”；如果不是，则输出“no”。

解析:①该题目有两种输出结果,因此要用到我们刚学的双分支结构。

②除此之外,输出 yes 的条件有两种:第一种是 7 的倍数,即满足“a%7==0”;第二种是末尾含 7,也就是这个数的个位数是 7,即“a%10==7”。两种条件满足其一即可,因此这道题需要用到逻辑运算符或。

参考答案:

```
#include<iostream>
using namespace std;
int main() {
    int a;
    cin>>a;
    if(a%7==0||a%10==7) {
        cout<<"yes";
    } else {
        cout<<"no";
    }
    return 0;
}
```

if…else if 多分支

我们已经学习了两种选择结构的形式,但是对于接下来的这种题目,大家会发现,这两种结构用起来都不是那么方便。

我们国家规定,儿童满 6 周岁就可以上小学了,之后 11 岁上初中,15 岁上高中,18 岁上大学,22 岁结束大学本科学习。小丫想知道某一个年龄对应的人应该上小学、初中,还是高中、大学,请你帮小丫写一个程序,输入年龄,输出应该上小学、初中、高中还是大学。

如果用之前学过的结构,我们可以选择用 if 单分支结构加上逻辑运算符的部分来拼凑。

```
#include<iostream>
using namespace std;
int main() {
    int a;
    cin>>a;
```

```
    if(a>=6&&a<=10) {
        cout<<"小学";
    }
    if(a>=11&&a<=14) {
        cout<<"初中";
    }
    if(a>=15&&a<=17) {
        cout<<"高中";
    }
    if(a>=18&&a<=22) {
        cout<<"大学";
    }
    return 0;
}
```

大家会发现，这一段代码又长又不好写，还用上了很多的逻辑运算符，无疑加大了难度，因此，本节课我们要学习一种专门应对这种情况的结构——if…else if 多分支结构。该结构会顺利地帮我们解决诸如多个范围、多种情况的这种题目。接下来，我们看一下多分支结构是如何工作的。

1. if…else if 语句的格式

```
if(表达式)
  {语句 1;}
else if(表达式)
  {语句 2;}
else if(表达式)
  {语句 3;}
else if(表达式)
  {语句 4;}
else(表达式)
  {语句 5;}
```

功能：依次判断表达式的值，当出现某个值为真时，则执行对应语句，不会再去继续执行下面的 if 语句。如果一直没有满足条件，则会执行最终 else 中的语句。流程图如图 2-3-5 所示。

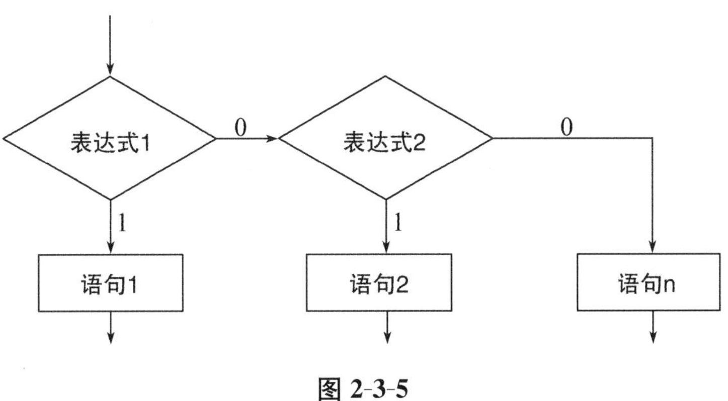

图 2-3-5

2. 多重 if 单分支与 if 多分支的对比

接下来大家看一下下面两个代码，然后比较一下当我们输入 20 的时候输出的结果分别是什么。

```
#include<iostream>
using namespace std;
int main() {
    int a;
    cin>>a;
    if(a>10) {
        cout<<a<<endl;
    }
    if(a>5) {
        cout<<a<<endl;
    }
    if(a>3) {
        cout<<a<<endl;
    }
    return 0;
}
```

输出：

```
20
20
20
```

```
#include<iostream>
using namespace std;
int main() {
    int a;
    cin>>a;
    if(a>10) {
        cout<<a<<endl;
    }
    else if(a>5) {
        cout<<a<<endl;
    }
    else if(a>3) {
        cout<<a<<endl;
    }
    return 0;
}
```

输出：

```
20
```

那么,为什么两个看起来差不多的选择结构最终输出的结果不一样呢？这是因为 if 单分支多个条件没有直接的限制条件,而 if…else if 多分支只会执行满足某一条件的某一语句。

if…else if 多分支当某一条件为真的时候,则不会向下执行该分支结构的其他语句。注意:与多重 if 区分开!!

例题 2.3.3

某游戏对不同等级积分的玩家赋予不同的荣誉称号,其对应关系如下:

积分≥10000 分为钻石玩家。

积分≥5000 并且<10000 为白金玩家。

积分≥1000 并且<5000 为青铜玩家。

积分<1000 为普通玩家。

请输入一个玩家的积分,输出其对应的荣誉称号。

解析:这道题是一道典型的有多种范围对应不同结果的题目,对于这种题目,用多分支结构是最方便的解法。

参考答案:

```
#include<iostream>
using namespace std;
int main() {
    int a;
    cin>>a;
    if(a>=10000) {
        cout<<"钻石玩家"<<endl;
    }
    else if(a>=5000) {
        cout<<"白金玩家"<<endl;
    }
    else if(a>=1000) {
        cout<<"青铜玩家"<<endl;
    }
    else {
        cout<<"普通玩家"<<endl;
    }
    return 0;
}
```

学习笔记

学习内容：if 单分支、if…else 双分支、if…else if 多分支

1. if **单分支**

```
if(表达式){
   语句;
}
```

功能：当条件成立即表达式值为真时，执行语句，否则执行 if 语句下方的语句。执行流程如图 2-3-4 所示。

2. if else **双分支**

```
if(表达式)
   {语句 1;}
else
   {语句 2;}
```

功能：当条件成立即表达式为真值时，执行语句 1，否则执行语句 2。

3. if…else if **多分支**

```
if(表达式)
   {语句 1;}
else if(表达式)
   {语句 2;}
else if(表达式)
   {语句 3;}
else if(表达式)
   {语句 4;}
else
   {语句 5;}
```

功能：依次判断表达式的值，当出现某个值为真时，则执行对应语句，不会再去继续执行下面的 if 语句。如果一直没有满足条件，则会执行最终 else 中的语句。

动手练习

【练习 2.3.1】

题目描述

判断一个数是否为偶数，如果是则输出“yes”，如果不是则输出“no”。

输入

一个整数。

输出

“yes”或者“no”

样例输入

```
5
```

样例输出

```
no
```

小可的答案

分析：

我们知道了计算机是通过 if 语句进行判断的，那如何判断一个数是否为偶数呢？

2,4,6,10,16,30,50,62,100,224

这些偶数有一个什么共同的特点？能被 2 整除，即：

```
2%2==0
4%2==0
10%2==0
16%2==0
```

一个整数如果是偶数，那么该数除 2 的余数为 0。设 n 存放读入的数，那么，如果“n%2”为 0，则为偶数，否则为奇数。

```
#include<iostream>
using namespace std;
int main(){
    int a;
    cin>>a;
    if(a%2==0)
        cout<<"yes";
    else
        cout<<"no";
    return 0;
}
```

关注“小可学编程”微信公众号，
获取答案解析和更多编程练习。

【练习 2.3.2】

题目描述

给出一名学生的语文和数学成绩，判断他是否恰好只有一门课不及格（成绩小于 60 分）。

输入

一行，包含两个整数，分别是该生的语文成绩和数学成绩。

输出

若恰好有一门课不及格，输出 1，否则输出 0。

样例输入

```
90  59
```

样例输出

```
1
```

小可的答案

分析：

因为该题目的要求比较苛刻，必须是两门中只有一门不及格，而这种情况包含了两种情况。第一种：语文及格并且数学不及格。第二种：语文不及格并且数学及格。二者满足一个就可以了，因此这道题既需要用到逻辑运算符与，又需要用到逻辑运算符或。

```
#include<iostream>
using namespace std;
int main() {
    int x,y;
    cin>>x>>y;
    if((x<60&&y>=60)||(x>=60&&y<60)) {
        cout<<1<<endl;
    }
    else {
        cout<<0<<endl;
    }
    return 0;
}
```

> 关注“小可学编程”微信公众号，获取答案解析和更多编程练习。

进阶练习

【练习 2.3.3】

题目描述

给定一个整数，判断它能否被 3,5,7 整除，并输出以下信息：

(1)能同时被 3,5,7 整除(直接输出 3 5 7，每个数中间一个空格)；

(2)只能被其中两个数整除(输出两个数，小的在前，大的在后。例如：3 5 或者 3 7 或者 5 7，中间用空格分隔)；

(3)只能被其中一个数整除(输出这个除数)；

(4)不能被任何数整除，输出小写字符 n。

输入

输入一行，包括一个整数。

输出

输出一行，按照描述要求给出整数被 3,5,7 整除的情况。

样例输入

```
105
```

样例输出

```
3 5 7
```

【练习 2.3.4】

题目描述

你买了一箱苹果，有 n 个苹果，很不幸的是箱子里混进了一只虫子。虫子每 x 小时能吃掉一个苹果，假设虫子在吃完一个苹果之前不会吃另一个，那么，经过 y 小时你还有多少个完整的苹果？

输入

输入仅一行，包括 n，x 和 y(均为整数)。输入数据保证 $y \leqslant n \times x$。

输出

剩下的苹果个数。

样例输入

```
10 3 10
```

样例输出

```
6
```

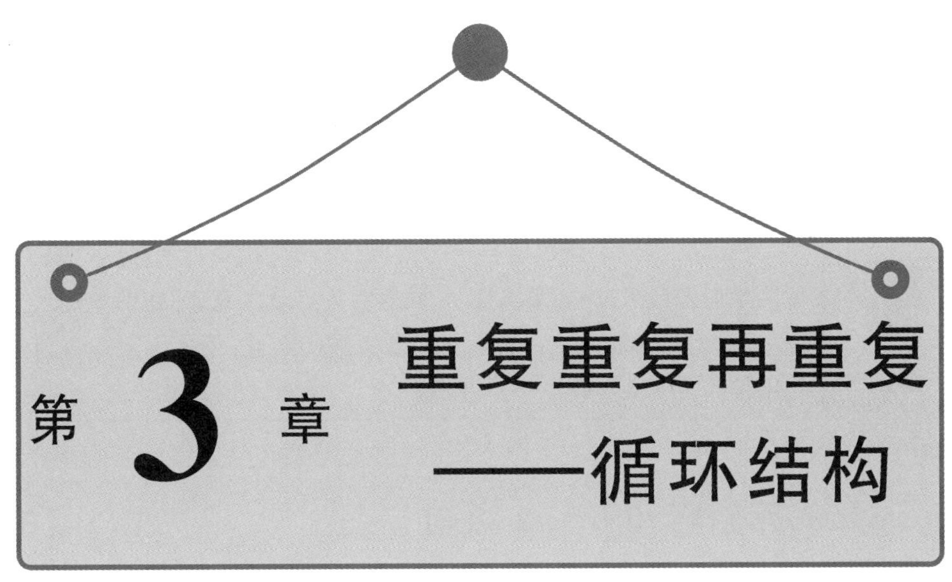

第3章 重复重复再重复——循环结构

编程课堂

走，我们去上课吧！

好的！

小可

达达

第 1 节　while 循环与计数器

相信同学们都玩过这样一个游戏，游戏发起者先确定一个数字，之后同学们各自来猜，如果猜错了，发起者会告诉大家，你猜的数是大了还是小了，直到猜对为止。这是一个很有趣的游戏，但是大家知道该如何用编程的方式来实现这个游戏吗？

 while 死循环和 break 语句

在同学聚会上，小可带大家玩起了猜数字的游戏。游戏规则如下：小可从 1～100 之间随机抽一个数字让大家猜，大家轮流猜数字，每次只能猜一个，猜对数字者就可获得精美礼品。

在本轮游戏中，小可抽到的数字是 43。为了保证游戏的顺利进行，小可准备编一个小程序。

```
#include<iostream>
using namespace std;
int main(){
    int n;
    cin>>n;
    if(n==43){
        cout<<"正确!"<<endl;
    }
    else {
        cout<<"错误!"<<endl;
    }
    return 0;
}
```

虽然这个程序可以帮助小可判断出大家猜的数字对不对，但是这个程序只能运行一次，而这个游戏大家几乎不可能一次猜中，那么，怎么样才能让计算机不停地判断呢？这里

就要用到我们本节要讲的内容——while 循环。

```
#include<iostream>
using namespace std;
int main() {
    int n;
    while(1) {
        cin>>n;
        if(n==43) {
            cout<<"正确!"<<endl;
        } else {
            cout<<"错误!"<<endl;
        }
    }
    return 0;
}
```

而这里使用的就是我们的 while 死循环结构，它的程序流程如图 3-1-1 所示。

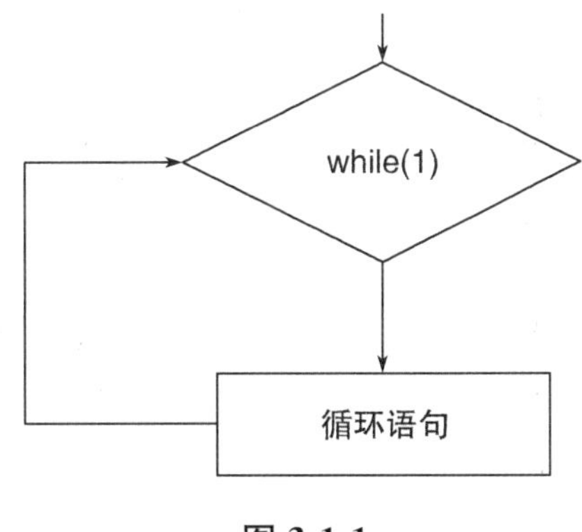

图 3-1-1

1. while 死循环语句的格式

```
while(1) {
    循环语句;
}
```

功能:重复地执行循环体中的语句，不会停止。

这里又遇到了一个新的问题，在玩完一局游戏之后，大家发现猜对数字之后，程序还会继续执行，有没有什么办法让程序结束呢？

2. break 语句

break 是循环跳出语句，将它放在相应的判断中可以结束循环的运行。

计数器

在古代，古人通常会养猪，在不知道养了多少头猪的情况下，古人会采取结绳计数的方法来记录猪的数量。每养一头猪，绳子便打一个结，以此类推，最终通过查看结的个数来确定猪的数量。实际上，我们也可以通过编程来模拟这个过程。

```
#include<iostream>
using namespace std;
int main() {
    int i;
    i=0;
    i=i+1;
    i=i+1;
    i=i+1;
    i=i+1;
    i=i+1;
    cout<<i;
    return 0;
}
```

像 i 这样具有计数功能的变量称为“计数器”。大家需要注意，计数器变量在定义时要初始化为 0，因为在没有统计之前，计数器应该是空的。

“i=i+1;”可以写成“++i;”(或“i++;”)。“++”是自加运算符，作用是使其左边或右边的变量的值加 1。

同样的，“i=i-1;”可以写成“--i;”(或“i--;”)。“--”是自减运算符，作用是使其左边或右边的变量的值减 1。

学完了 break 语句以及计数器之后，我们来帮小可解决最后的问题：每局猜数字的难易程度不同，游戏结束后，小可想统计每局游戏的失败次数。

```
#include<iostream>
using namespace std;
int main() {
    int n,i=0;
    while(1) {
        cin>>n;
        if(n==43) {
            cout<<"正确!"<<endl;
            cout<<"失败"<<i<<"次"<<endl;
            break;
        } else {
            cout<<"错误!"<<endl;
            i++;
        }
    }
    return 0;
}
```

例题 3.1.1

我们定义“正义的数字”为大于数字 0 的数。现在输入若干个整数,最后一个数字为 0,计算其中一共有多少个正义的数字。

参考答案:

```
#include<iostream>
using namespace std;
int main() {
    int n,i=0;
    while(1) {
        cin>>n;
        if(n==0) {
            break;
        }
        if(n>0) {
            i++;
        }
    }
    cout<<i;
    return 0;
}
```

 while 循环

刚刚学完 while 死循环，相信大家都已被 while 死循环的神奇所折服。其实，while 死循环是一种特殊的循环，它只是 while 循环的特殊形式，接下来就让我们了解一下，while 循环和 while 死循环有什么关系吧！

while 循环语句格式如下：

```
while(表达式) {
      循环语句;
}
```

功能：当表达式的值非 0 时，不断地执行循环体中的语句。所以，用 while 语句实现的循环被称为“当型循环”。while 循环语句的执行过程如图 3-1-2 所示。

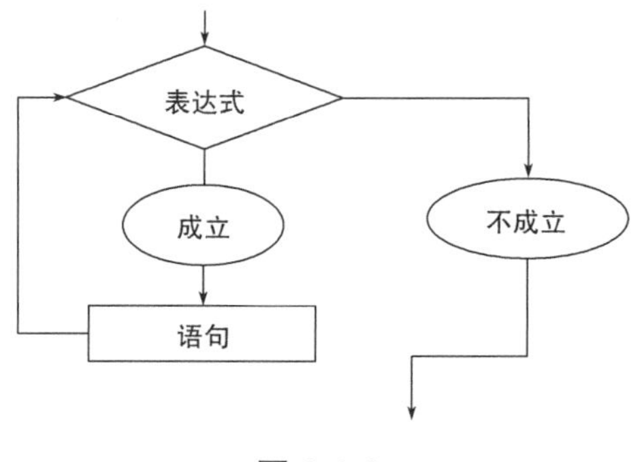

图 3-1-2

while 循环当自身表达式不成立时，循环自动结束，不需要借助 break 语句的帮助。while 死循环就是逻辑值始终为真的 while 循环，因此，它是一种特殊的 while 循环。

目前，我们学习了两种结束循环的方式，即：

①break：满足条件结束循环。

②while(表达式)：满足表达式执行循环，否则不执行。

两者的区别为：

①当满足某一条件时用 break 结束循环。

②当不满足表达式时不执行循环。

例题 3.1.2

所谓“角谷猜想”，是指对于任意一个正整数，如果是奇数，则乘 3 加 1，如果是偶数，则除以 2，得到的结果再按照上述规则重复处理，最终总能够得到 1。例如，假定初始整数为 5，计算过程分别为 16，8，4，2，1。

程序要求输入一个整数，将经过处理得到 1 的过程输出来。

解析:对于输入的数进行判断,并进行相应操作:如果是奇数,则乘 3 加 1,如果是偶数,则除以 2,循环条件为不等于 1。

参考答案:

```
#include<iostream>
using namespace std;
int main() {
    int n;
    cin>>n;
    while(n!=1) {
        if(n%2==0) {
            cout<<n<<"/2="<<n/2<<endl;
            n=n/2;
        } else {
            cout<<n<<" * 3+1="<<n * 3+1<<endl;
            n=n * 3+1;
        }
    }
    cout<<"End";
    return 0;
}
```

学 习 笔 记

学习内容:while 死循环和 break 语句、计数器、while 循环

1. while **死循环和** break **语句**

while 死循环是一种特殊的 while 循环,其括号内的逻辑值始终为真。while 死循环因为无法让括号中的逻辑值自己变为 0,因此需要借助 break 语句来跳出循环结构。

2. **计数器**

计数器是一个特殊的变量,其初始状态的值为 0,当满足某种情况时,通过自增运算使得值加 1,因此,最终计数器可以帮助我们统计需要统计的情况出现的次数。

3. while **循环**

当括号中的表达式逻辑为真,就会执行循环语句,执行完再判断,若仍满足条件,则继续执行,直到不满足条件为止。

动手练习

【练习 3.1.1】

题目描述

给定一个整数,要求分离出它的每一位数字。

输入

输入一个整数,整数在 1 到 100000000 之间。

输出

按照从低位到高位的顺序依次输出每一位数字。数字之间以一个空格分开。

样例输入

```
123
```

样例输出

```
3 2 1
```

小可的答案

分析:

假设我们输入 123,根据题意,我们进行如下操作:

取个位并输出个位数: 123%10→3

去个位: 123/10→12

取个位并输出个位数: 12%10→2

去个位: 12/10→1

取个位并输出个位数: 1%10→1

去个位: 1/10→0

重复的内容确定了,循环停止的条件也确定了,让我们试着写一下 while 循环吧。

```
#include<iostream>
using namespace std;
int main() {
    int n;
    cin>>n;
    while(n!=0) {
        int i=n%10;
        cout<<i<<" ";
        n=n/10;
    }
    return 0;
}
```

关注“小可学编程”微信公众号,获取答案解析和更多编程练习。

进阶练习

【练习 3.1.2】

题目描述

今年老王家的苹果丰收了，为了能卖个好价钱，老王把苹果按直径大小分等级出售。这么多苹果如何快速的分级，可愁坏了老王。现在请你编写一个程序来帮助老王模拟苹果分级的操作吧。要求一级果的直径大于等于 70 毫米，二级果的直径是 60～69 毫米，三级果的直径是 50～59 毫米，小于 50 毫米的算四级果。

输入

若干个不超过 120 的正整数表示每个苹果的直径，当输入直径小于 20 时表示结束。

输出

输出有两行：第一行输出苹果的总个数；第二行输出一级果、二级果、三级果、四级果的个数，中间用空格分隔，四级果后面无空格。

样例输入

```
67 34 85 58 32 54 59 60 55 42 51 0
```

样例输出

```
11
1 2 5 3
```

第 2 节　for 循环

通过对于 while 循环相关知识的学习，大家一定发现了，循环是一个多么神奇又有趣的结构。其实在循环的大家庭中，不止有 while 循环一种循环结构，还有一些其他的循环结构，接下来我们就要学习同样好用且常用的另一种循环——for 循环。

 for 循环

for 循环是用于重复执行的一种循环结构，比较适合于固定次数的循环。比较特别的是，for 循环的小括号里放的三个语句都是用分号分隔开的，且执行顺序并不是书写顺序。

for 循环语句的格式如下：

```
for(循环控制变量赋初值; 循环条件; 循环控制变量改变) {
    循环语句;
}
```

例：

```
for(int i=0;i<10;i++) {
    cout<<"HI.coduck"<<endl;
}
```

功能：只要循环控制条件还是满足的，就会一直执行循环语句，执行的流程如图 3-2-1 所示。

注意：for 循环更适合循环次数确定的情况，而 while 循环更适合循环次数不定的情况。

相信同学们对 for 循环的结构和具体怎么使用已经有所了解了，现在来判断一下，不同的情况下的 for 循环的循环次数都会发生怎样的变化呢？

```
for(int i=0;i<100;i++) {
    cout<<"HI.coduck"<<endl;          //100 次
}
```

```
for(int i=0;i<=100;i++) {
    cout<<"HI.coduck"<<endl;          //101 次
}
```

```
for(int i=0;i<10;i=i+2) {
    cout<<"HI.coduck"<<endl;          //5 次
}
```

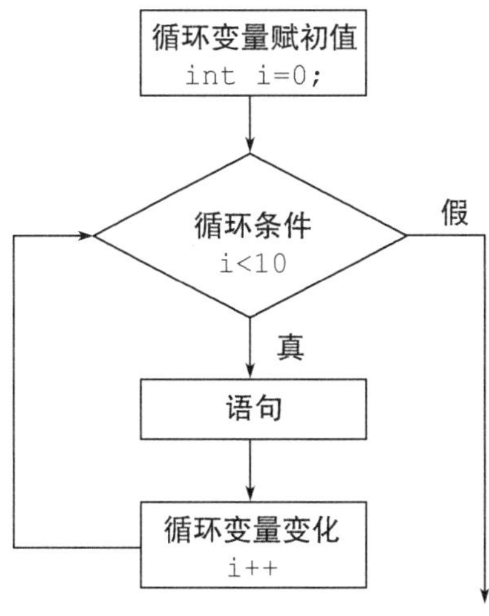

图 3-2-1

例题 3.2.1

来自阿尔法星系的外星人阿布经过 10 亿光年距离的飞行来到了地球，飞船最终降落在了埃及的胡夫金字塔，现在阿布为执行飞行任务，需进入胡夫金字塔，探测地球上的特殊物质。然而阿布在进入金字塔时，遇到了一道难题。他发现金字塔门口有一串特殊的字符。经过一番翻译，他才知道原来金字塔的大门需要把 0～9 这 10 个数字依次显示在大门上才能进入。现在请你帮助阿布进入大门，完成任务。

解析：要求循环输出以空格间隔开的 0～9。首先考虑到数字个数，所以应该循环 10 次，又因为每次输出的数字不同，所以循环输出的变量应该每次循环加 1，正好和循环控制变量的变化相吻合，所以，可以循环输出循环控制变量，注意加空格。

参考答案：

```
#include<iostream>
using namespace std;
int main() {
    for(int a=0;a<=9;a++) {
        cout<<a<<" ";
    }
    return 0;
}
```

学习笔记

学习内容：for 循环结构

“int i=1;”：控制循环的变量定义及其初始值。

“i<=10;”：控制循环的条件。

“++i;”：控制循环的变量如何随循环变化。

for 循环更适合循环次数确定的情况，而 while 循环更适合循环次数不定的情况。

动手练习

【练习 3.2.1】

题目描述

小可学会了除法运算，想知道小于 100 的正整数中 3 的倍数有哪些。

输入

无。

输出

输出若干行，每行一个数，这个数是 3 的倍数。

小可的答案

分析：

首先考虑到如何判断，即判断什么数、判断的条件。应该依次判断 1～100，可以通过判断循环控制变量，令其从 1 开始每次加 1 直到 100 来实现；判断条件应该作为循环体，每次循环都判断循环控制变量是不是 3 的倍数，即除以 3 的余数是否为 0，可以通过模运算来实现。

```
#include<iostream>
using namespace std;
int main() {
    for(i=1;i<=100;i++) {
        if(i%3==0) {
            cout<<i<<endl;
        }
    }
    return 0;
}
```

关注“小可学编程”微信公众号，获取答案解析和更多编程练习。

进阶练习

【练习 3.2.2】

题目描述

给定 k(1<k<100)个正整数,其中每个数都是一位数。写程序计算给定的 k 个正整数中,3,6,9 出现的总次数。

输入

输入有两行。第一行包含一个正整数 k,第二行包含 k 个正整数,每两个正整数用一个空格分开。

输出

输出有一行,为满足条件的数的出现次数。

样例输入

```
5
1 5 8 6 3
```

样例输出

```
2
```

第 3 节　do…while 循环

同学们，关于基础的循环结构到目前为止我们就学得差不多了。while 循环和 for 循环虽然它们的名字不同，但它们运行的过程其实都是差不多的，都是先判断条件再执行语句，而还有一种循环和它们不太一样，这种循环就是 do…while 循环。

 do…while 循环

do…while 循环格式如下：

```
do {
        循环语句;
}while(表达式);
```

特点：do…while 循环与 while 循环、for 循环最大的不同就在于，它是先执行循环语句，然后再判断表达式是否为真，若为真，则继续循环，若为假，则终止循环。因此，do…while 循环至少要执行一次循环语句，流程图如图 3-3-1 所示。

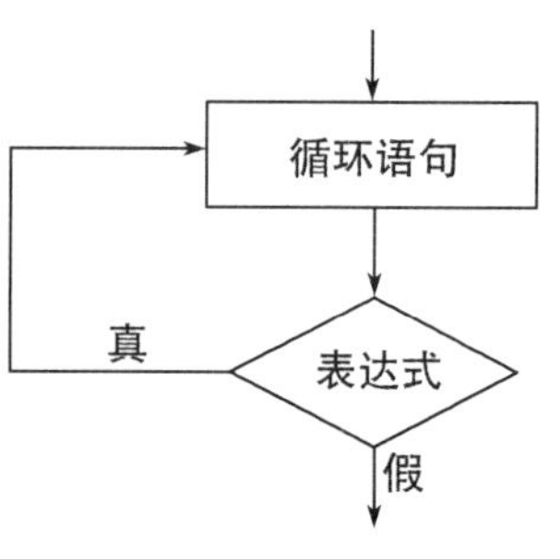

图 3-3-1

三种循环的对比如下：

①for 循环和 while 循环是先判断后执行，有可能会出现一次循环也不执行的情况，但是 do…while 循环至少会执行一次。

②使用建议：凡是次数确定、范围确定的情况，尽量使用 for 循环。如果不确定次数，只能判断条件是否成立，那么多用 while 循环。

学习内容：do…while 循环结构

无论表达式是否成立，do…while 循环都至少会执行一次。

动手练习

【练习 3.3.1】

题目描述

每次考试之后林老师总会把所有的成绩输入计算机,以便于统计班内同学的学习状况。但是由于数据量比较大,输入时会出错,已知考试满分是 100 分,输入小于 0 或者大于 100 的数则为输入有误的成绩,舍去不要。试编写一个程序,输入某一位同学成绩的时候,自动检查输入数据的正确性,当输入有误的时候要求重新输入。

输入

输入一行,若干个整数。

输出

输出一行,一个整数,表示输入正确的成绩。

样例输入

```
2000  -10  99
```

样例输出

```
99
```

小可的答案

分析:

根据题目要求,发现关键语句为:输入小于 0 或者大于 100 的数则为输入有误的成绩。不确定的循环次数,故可以使用循环输入的方式。这道题尝试用 do…while 循环来解决。

```
#include<iostream>
using namespace std;
int main() {
    int x;
    do {
        cin>>x;
    } while(x<0||x>100);
    cout<<x<<endl;
    return 0;
}
```

关注“小可学编程”微信公众号,获取答案解析和更多编程练习。

第 4 节　循环的应用

同学们，到目前为止我们对于循环结构中的成员已经基本认识啦，但是还有很多和循环息息相关的应用还没有了解，接下来就让我们一个一个地来学习吧！

计数器

我们前面已经给大家介绍过计数器了，它就是具有计数功能的变量，并且它的初值为0，通过自增运算来完成计数，类似于古时候计数打结的过程。

接下来，我们看一道例题来复习下。

例题 3.4.1

从键盘上输入若干不大于 100 的整数，以 0 作为结束标志，输出 7 的倍数，或者末尾含有 7 的数(例如 7，14，17，21，27)的个数。

解析：首先判断什么是与 7 相关的数：

①是不是 7 的倍数；

②是不是末尾含 7。

即：

①t%7==0

②t%10==7

二者满足其中一个即可，所以判断条件为：

```
if(t%7==0||t%10==7) {
    计数器加 1;
}
```

参考答案：

```
#include<iostream>
using namespace std;
int main() {
    int x,cnt=0;
    cin>>x;
```

```
    while(x!=0) {
        if(x%7==0||x%10==7) {
            cnt++;
        }
        cin>>x;
    }
    cout<<cnt<<endl;
    return 0;
}
```

累加器

累加器一般用于循环求和的情况，具体语句为“sum=sum+x”，其中 x 是每次循环要累加的数。像 sum 这样有累加功能的变量称为“累加器”，但是要注意，在循环之前定义变量时要赋初值为 0 或其他特殊情况。

有了累加器就可以进行循环求和，一般使用 for 循环，以便进行固定次数的累加求和，也可以和循环输入或循环判断结合使用。

```
int sum=0;
for(int i=1;i<=10;i++) {
    int x;
    cin>>x;
    sum=sum+x;
}
```

例题 3.4.2

阿布自从完成任务回到原来的星球后，就陷入了对地球文明的痴迷，尤其是在胡夫金字塔中发现的一处机关让他兴趣大发。这处机关是这样的：有 0～9 这 10 个数字按钮，需要连续按 10 次按钮（可以重复选择同一个按钮，每次选择代表一个数的输入），要想成功通关还要在最后输出这 10 个数的和。这不阿布还在苦苦思索着机关的解法，你能帮帮他吗？

解析：按题目要求，输入 10 个数字并求和，可以通过循环 10 次，每次循环都输入并使用累加器累加求和，最后循环完成之后再输出累加器的值，即所求和。

参考答案:

```
#include<iostream>
using namespace std;
int main() {
    int sum=0;
    for(int i=0; i<10; i++) {
        int x;
        cin>>x;
        sum=sum+x;
    }
    cout<<sum;
    return 0;
}
```

累乘器

累乘器指的是用于累乘的变量。如一个变量要用来求积,则需要初始化为 1,并在循环结构中写累乘语句。

```
long long fac=1;
for(int i=1; i<=10; i++) {
    int x;
    cin>>x;
    fac=fac * x;
}
```

在部分题目上,累乘器因乘出的结果可能很大,因此会定义成 long long 长整型,避免超出数据范围。

例题 3.4.3

开心王国开始向人们开放了,但是开放的原则为必须要答对问题才可以进入,问题是计算出自己所在位置 n 的阶乘。n 的阶乘即 $n! = 1\times2\times3\times\cdots\times(n-1)\times n$。

解析:n 的阶乘:n! =1×2×3×…×(n−1)×n。故可以定义一个累乘器变量并初始化为 1,写 for 循环并使循环控制变量 i 遍历 1 到 n,每循环一次都把 i 累乘进累乘器变量里。等循环结束之后,输出累乘器的值,即阶乘的结果。

参考答案:

```
#include<iostream>
using namespace std;
int main() {
    long long fac=1;
    int n;
    cin>>n;
    for(int i=1;i<=n;i++) {
        fac=fac*i;
    }
    cout<<fac;
    return 0;
}
```

循环输入

循环输入是大家的老朋友了,这里我们也要说一下,循环输入就是循环内使用输入语句,循环每执行一次就输入一次,循环执行 n 次,输入 n 次。

例题 3.4.4

小可的公司里有一个"收集卡片"的活动:有 10 个印有"lucky"或者 20 个印有"again"的卡片,就可以兑换一个神秘大奖。现分别给出你拥有的印有"lucky"和"again"的卡片数,判断一下是否可以去兑换大奖。

解析:根据题目要求,先输入 n,再输入 n 组整数,判断这 n 组整数里是否符合 10 个"lucky"或者 20 个"again"的,若符合则输出"True",不符合则输出"False"。

参考答案:

```
#include<iostream>
using namespace std;
int main(){
    int n;
    cin>>n;
```

```
    for(int i=1;i<=n;i++){
        int x,g;
        cin>>x>>g;
        if(x>=10||g>=20){
            cout<<"True"<<endl;
        }else{
            cout<<"False"<<endl;
        }
    }
    return 0;
}
```

最值变量

最值变量分为最大值变量和最小值变量，在做需要我们求得一些数据中的最大值、最小值的题目时，我们需要借用这两个特殊变量完成题目。

①求最大值：定义 max，并且用一个很小的值将它初始化，利用 if 语句进行判断“if(a>max)max=a”。

②求最小值：定义 min，并且用一个很大的值将它初始化，利用 if 语句进行判断：“if(a<min)min=a”。

例题 3.4.5

可达鸭李老师讲授的 K1 这门课期中考试刚刚结束，他想知道学员在考试中取得的最低分数。但是人数比较多，所以他决定请一位同学来帮助他完成。那现在你能帮助他吗？

解析：给出 n 个学生的分数，让你找到最低分是多少分。我们用循环输入 n 个学生的分数，然后借助定义最小值变量 min 和输入的分数比较，如果当前的最小值大于输入的分数，则改变最小值，最终最小值变量中的分数就是我们想要的最低分。

参考答案：

```
#include<iostream>
using namespace std;
int main(){
    int k,min=100;
    cin>>k;
    for(int i=1;i<=k;i++){
```

```
        int a;
        cin>>a;
        if(a<min){
            min=a;
        }
    }
    cout<<min;
    return 0;
}
```

学习笔记

学习内容:计数器、累加器、累乘器、循环输入、最值变量

1. **计数器**

统计某些情况出现的次数的变量,初始值一般为 0。

2. **累加器**

求满足条件的数的和,初始值一般为 0。

3. **累乘器**

求满足条件的数的积,初始值一般为 1。

4. **循环输入**

在循环中进行数据输入,循环进行几次就输入几次,常配合求和、求最大值、计数、累乘等问题应用。

5. **最值变量**

用来求一组数中最值的变量,分为最大值变量和最小值变量,最大值变量的初值是超过数据范围下限的极小的数,最小值变量的初值是超过数据范围上限的极大的数。

动手练习

【练习 3.4.1】

题目描述

小可最近学习了一个新技能:心算。小可忍不住向他的朋友们炫耀,但小可的朋友们不信,想来检测下小可是否真的会心算,立刻给小可出了题目。小可的朋友总共有 n 个,一个人说一个整数,让小可算出这 n 个整数的和以及平均值。

输入

第一行是 1 个整数 n,表示小可朋友的数量（1⩽n⩽10000）。

第 2～n+1 行每行包含 1 个整数。每个整数的绝对值均不超过 10000。

输出

输出 1 行,先输出和,再输出平均值(保留到小数点后五位),两个数间用单个空格分隔。

样例输入

```
4
344
222
343
222
```

样例输出

```
1131 282.75000
```

小可的答案

分析:

题目要求给出 n 个整数,让你计算这 n 个整数的和以及均值(注意求均值的要求)。我们用循环输入 n 个整数,然后利用累加器 sum 存储整数的和,将输入的数加到 sum 中,最后得到整数和后,除以整数的个数,即可得到均值。

```
#include<iostream>
#include<iomanip>
using namespace std;
int main() {
    int sum=0,n;
    cin>>n;
    for(int i=0;i<n;i++) {
        int x;
        cin>>x;
        sum=sum+x;
    }
    cout<<sum<<" "<<fixed<<setprecision(5)<<1.0*sum/n;
    return 0;
}
```

关注“小可学编程”微信公众号,获取答案解析和更多编程练习。

【练习 3.4.2】

题目描述

输入 n 个正整数，统计 1,5,10 分别出现的次数。

输入

第一行包含 1 个正整数 n(1<n<100)。

第二行包含 n 个正整数，每两个正整数用一个空格分开，且每个正整数均不大于 10。

输出

输出有三行，第一行为 1 出现的次数，第二行为 5 出现的次数，第三行为 10 出现的次数。

样例输入

```
5
1 5 8 10 5
```

样例输出

```
1
2
1
```

小可的答案

分析：

根据题目要求可知，需要分别计数 1,5,10 三个数字的个数，所以需要分别定义三个变量并初始化为 0，接着在循环里面循环输入并循环判断输入数是否为特定数。注意：三个数字需要用三个 if 语句单独判断，满足条件就累加。

```
#include<iostream>
using namespace std;
int main() {
    int k,a=0,b=0,c=0;
    cin>>k;
    for(int i=1;i<=k;i++) {
        int x;
```

```
            cin>>x;
            if(x==1) a++;
            if(x==5) b++;
            if(x==10)c++;
        }
        cout<<a<<endl;
        cout<<b<<endl;
        cout<<c<<endl;
        return 0;
    }
```

关注“小可学编程”微信公众号，获取答案解析和更多编程练习。

【练习 3.4.3】

题目描述

给出一个整数 m 和一个正整数 n，求 m^n（n 个 m 相乘）的结果。

输入

一行，包含两个整数 m 和 n。$-1000000 \leqslant m \leqslant 1000000$，$1 \leqslant n \leqslant 10000$。

输出

一个整数，即计算结果。题目保证最终结果的绝对值不超过 1000000000。

样例输入

```
2 3
```

样例输出

```
8
```

小可的答案

分析：

根据题目要求，关键点是要 n 个 m 相乘，可以用一个累乘器循环 n 次乘以 m，这样就可以得到结果了。因为累乘的结果较大，故累乘器要用 long long 来定义。

```
#include<iostream>
using namespace std;
int main() {
    int n,m;
    long long num=1;
    cin>>n>>m;
    for(int i=1;i<=m;i++) {
        num=num*n;
    }
    cout<<num;
    return 0;
}
```

关注“小可学编程”微信公众号，获取答案解析和更多编程练习。

进阶练习

【练习 3.4.4】

题目描述

小可的学校里有好多个班级，现给出班级个数及每个班人数，求出每个班平均多少人，保留到小数点后两位。

输入

第一行有 1 个整数 n(1≤n≤100)，表示班级的个数。其后 n 行每行有 1 个整数，表示每个班级的人数。

输出

输出一行，该行包含一个浮点数，为要求的每班平均人数，保留到小数点后两位。

样例输入

```
2
18
17
```

样例输出

```
17.50
```

【练习 3.4.5】

题目描述

已知 n 个数,求这 n 个数中最大值与最小值的差。

输入

第一行仅一个数 n,其中 n(1⩽n⩽10000)为数的个数。

第二行有 n 个整数。每个整数的范围是−1000~1000,包括−1000 和 1000。

输出

仅一个数,即最大值与最小值的差。

样例输入

```
5
4 3 5 7 1
```

样例输出

```
6
```

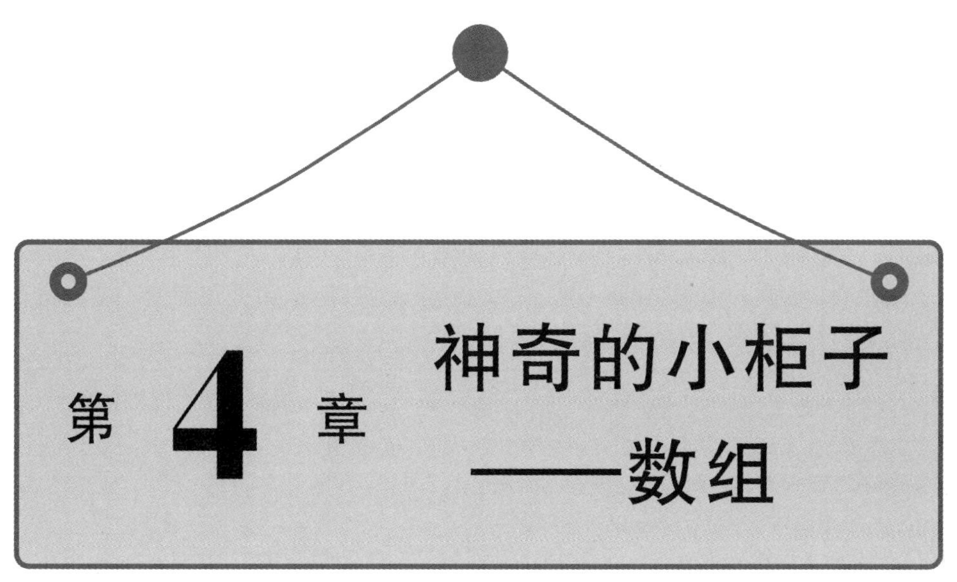

第4章 神奇的小柜子——数组

编程课堂

走，我们去上课吧！

好的！

小可

达达

第 1 节　数组的定义与初始化

同学们都知道，当我们要把一个数存到计算机中时，我们需要给它搭建一个居住的“小房子”，也就是变量，但是如果现在我们要存的数很多的话，又该如何来做呢？

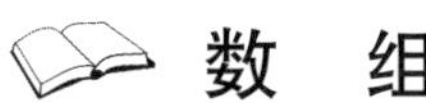

数　组

也许有的同学会认为，如果有多个数需要住“房子”的话，那我们可以定义多个变量来解决这个问题。对于那些两三个数甚至十个数左右的数据个数来说，这个方法是可行的，但是如果我们要给成千上万个数每一个数都直接定义变量的话，那无疑是麻烦的，也是不现实的。因此，在这里我们会学习一种新的存储结构——数组。

如果说一个变量就相当于一个小屋子，那么数组其实就像是一栋楼。在这栋楼上有好多的小房子，每一个小房子都可以住人，这就是数组的作用。当我们定义数组的时候，相当于我们一下定义了多个变量。接下来我们就来解析下，如何定义数组，以及定义的数组里有多少变量，又该如何表示。

数组：由具有相同数据类型的固定数量的元素组成的结构。

“int a[10]”：定义了一个大小为 10，能够存储 10 个整数的数组 a(见图 4-1-1)。

“double b[5]”：定义了一个大小为 5，能够存储 5 个双精度浮点小数的数组 b。

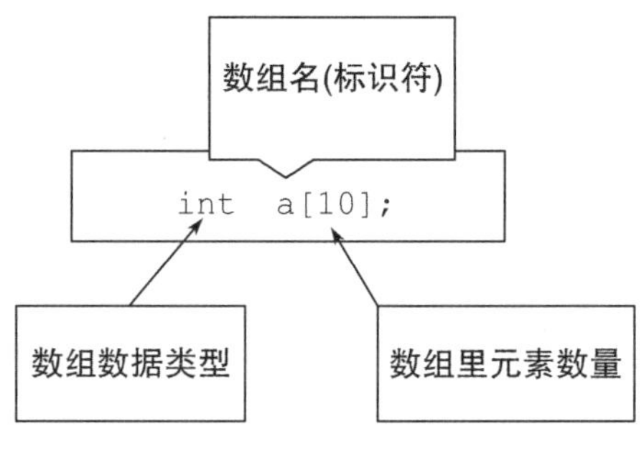

图 4-1-1

相信同学们已经对于数组的定义没有什么问题了，接下来我们就来看看，该如何应用这些数组元素。

数组下标：数组定义出来之后，相当于一栋楼被盖起来了，那我们如何区分一栋楼中的各个小房子呢？在现实生活中，每家都有各自的门牌号，通过门牌号我们可以区分出各自的小房子。同样,数组中也有这样一个门牌号,也就是数组下标。

例如刚才定义的数组 int a[10],其中的 10 个变量就是下标从 0~9 的 a[0],a[1],a[2],a[3],a[4],a[5],a[6],a[7],a[8],a[9]。这里需要大家格外注意的是,数组的下标是从 0 开始的,因此一定要注意不要超过了你定义的数组大小哦!

 数组初始化

数组初始化分为三种形式。

①在定义一维数组时,对全体数组元素指定初始值。

```
int a[5]={6,3,5,7,8};
```

②对数组的全体元素指定初值时,可以不指明数组的长度,系统会根据大括号内数据的个数确定数组的长度。

```
int a[]={1,3,5,7,9};
```

③对数组中部分元素指定初值时,不能省略数组长度。

```
int a[5]={1,3,5};
```

这种赋值方式会从前往后依次赋值,没能被赋值的元素自动赋值为 0。

学习内容:数组的定义、数组的下标、数组初始化

1. 数组的定义

由具有相同数据类型的固定数量的元素组成的结构。

2. 数组的下标

从 0 开始,到大小减 1 为止。

例如“int a[15]”,其中的数组元素从 a[0]依次到 a[14]。

3. 数组的初始化

初始化有三种形式。

 动手练习

【练习 4.1.1】

题目描述

请定义出大小为 5 的数组,并且把 1~5 这五个数依次存到数组中。

小可的答案

```
#include<iostream>
using namespace std;
int main(){
    int a[5]={1,2,3,4,5};
    return 0;
}
```

第 2 节 数组的输入输出及查找

同学们，我们已经初步认识了数组，但是在实际应用中该如何利用它呢？

数组元素的使用

我们可以使用循环来对数组元素进行输入或输出。如果对数组中存放的元素依次查看并进行相应操作，这种操作叫作“遍历”（遍历数组的时候不是遍历定义的整个数组，而是遍历我们输入的所有数据）。我们来看一个样例。

```
#include<iostream>
using namespace std;
int main(){
    int a[5];
    for(int i=0;i<=4;i++){
        cin>>a[i];
    }
    for(int i=0;i<=4;i++){
        cout<<a[i]<<" ";
    }
    return 0;
}
```

这里我们会发现，数组的下标是在规律变化的，而这个规律和我们的循环结构循环控制变量极其相似，因此，我们可以选择用循环控制变量来控制数组的下标，并且完成对数组的操作。

例题 4.2.1

输入一组数据（$1<n<100$），将输入的数据逆序输出，数字之间用一个空格间隔。

解析:根据题目要求,我们知道数组中元素的个数是 n,而 n 的范围是大于 1、小于 100 的,所以我们在定义数组时数组长度只要比 100 大就可以了。我们可以使用 for 循环来将这 n 个数存储到数组中,如果从下标为 0 的元素开始存的话,那么最后一个数的下标应为 n—1;如果从下标为 1 的位置开始存,那么最后一个数的下标应为 n,之后我们再按照从最后一个数的下标向前进行循环输出即可。

参考答案:

```
#include<iostream>
#include<iomanip>
using namespace std;
int main(){
    int n,a[105];
    cin>>n;
    for(int i=1;i<=n;i++){
        int x;
        cin>>x;
        a[i]=x;
    }
    for(int i=n;i>=1;i--){
        cout<<a[i]<<" ";
    }
    return 0;
}
```

数组元素的查找

在做题过程中,我们偶尔会遇到这种问题,想要找到数组中是否存在某个数,或者统计某个数出现的次数,这个时候就牵扯到一个新的概念,那就是数组元素的查找。

我们具体应该如何查找数组元素呢?其实很简单,只需要在遍历输出的时候,加上一个判断语句,借助遍历,循环地将数组全部下标元素都和我们想要的值进行比较,若出现相同则进行操作即可。接下来我们来看一道例题。

例题 4.2.2

从一组数中找一个特定的数,输出它第一次出现的位置。

解析:根据题目要求,先输入正整数 n,接下来将 n 个整数存储到数组中(提示:存储数据到数组时下标从 1 开始),然后输入 x,查找 n 个整数里是否存在 x,若存在则输出 x 第一次出现的下标并且直接 break 跳出循环,否则输出-1。

参考答案:

```
#include<iostream>
using namespace std;
int main(){
    int n,a[10005];
    cin>>n;
    for(int i=1;i<=n;i++){
        cin>>a[i];
    }
    int x;
    cin>>x;
    for(int i=1;i<=n;i++){
        if(a[i]==x){
            cout<<i;
            return 0;
        }
    }
    cout<<-1;
    return 0;
}
```

学习内容:数组元素的输入和输出、数组元素的查找

1. **数组元素的输入和输出**

我们可以使用循环来对数组元素进行输入或输出。如果对数组中存放的元素依次查看并进行相应操作,这种操作叫"遍历"。

2. **数组元素的查找**

借助遍历,循环地将数组全部下标元素都和我们想要的值进行比较,若相同则代表找到。

动手练习

【练习 4.2.1】

题目描述

小可奶奶家有一棵神奇的葡萄树，这棵葡萄树每年都必定会结 10 串葡萄，葡萄成熟的时候，小可就会跑到奶奶家摘葡萄。奶奶家有个 30 厘米高的板凳，当小可不能直接用手摘到葡萄的时候，就会踩到板凳上再试试。

现在已知 10 串葡萄到地面的高度，以及小可把手伸直的时候能够达到的最大高度，请帮小可算一下她能够摘到的葡萄的数目。假设她碰到这串葡萄，就能够把这串葡萄摘下来。

输入

输入包括两行数据。

第一行包含 10 个 100～200(包括 100 和 200)的整数(以厘米为单位)，分别表示 10 串葡萄到地面的高度，两个相邻的整数之间用一个空格隔开。

第二行只包括一个 100～120(包含 100 和 120)的整数(以厘米为单位)，表示小可把手伸直的时候能够达到的最大高度。

输出

输出一行，这一行只包含一个整数，表示小可能够摘到的葡萄的数目。

样例输入

```
100 200 150 140 129 134 167 198 200 111
110
```

样例输出

```
5
```

小可的答案

分析：

根据题目要求，可知摘到葡萄的条件为：小可最大高度＋板凳高度＞＝葡萄高度。若满足条件则计数。首先利用数组，循环输入存储葡萄高度，之后输入小可把手伸直的时候能够达到的最大高度，然后计数。

```
#include<iostream>
using namespace std;
int main(){
```

```
    int n,a[15],sum=0;
    for(int i=1;i<=10;i++){
        int x;
        cin>>x;
        a[i]=x;
    }
    int b;
    cin>>b;
    for(int i=1;i<=10;i++){
        if(a[i]<=b+30){
            sum++;
        }
    }
    cout<<sum;
    return 0;
}
```

【练习 4.2.2】

题目描述

在一个数组中插入一个元素 x，插入位置为 pos，假设数组最大长度为 100，实际存放的元素数量为 n(0<n<99)，输入插入位置 pos(0≤pos≤99)和插入数据 x，将 x 插入到数组的 pos 下标处，最后输出插入后的结果。

输入

输入 3 行：第一行输入一个整数 n，表示数组实际存放的数据个数；第二行依次输入 n 个整数；第三行依次输入插入位置 pos 和插入数据 x。

输出

输出 1 行，输出插入 x 后的数组的全部元素，元素间用一个空格隔开。

样例输入

```
5
1 6 9 8 0
2 4
```

样例输出

```
1 6 4 9 8 0
```

小可的答案

分析：

根据题目要求，解题可以分为以下五步：

①定义数组。

②数组存放数字（循环输入）。

③先输出插入位置之前的数组元素。

④到达指定位置输出插入的数。

⑤输出插入位置及其之后的数组元素

```
#include<iostream>
using namespace std;
int main(){
    int a[101];
    int n;
    cin>>n;
    for(int i=0;i<n;i++){
        cin>>a[i];
    }
    int pos,x;
    cin>>pos>>x;
    for(int i=0;i<=pos-1;i++){
        cout<<a[i]<<" ";
    }
    cout<<x<<" ";
    for(int i=pos;i<n;i++){
        cout<<a[i]<<" ";
    }
    return 0;
}
```

关注“小可学编程”微信公众号，获取答案解析和更多编程练习。

【练习 4.2.3】

题目描述

给定一个数字 x，在一个给定的数字序列中统计 x 一共出现了多少次。

输入

输入三行。第一行为 n，表示整数序列的长度（n≤100）。第二行为 n 个整数，整数之间以一个空格分开。第三行包含一个整数，为指定的整数 x。

输出

输出为 n 个数中与 x 相同的数的个数。

样例输入

```
3
2 3 2
2
```

样例输出

```
2
```

小可的答案

分析：

题目要求先输入 n 个数，然后查找 x 在这 n 个数中出现了多少次，先使用一个数组存储所有的数据，然后遍历这些数据去查找这个数字 x 出现了多少次。

①循环输入。

②输入 x 之后遍历数组中存放的数据，查找 x 出现了多少次。

```
#include<iostream>
using namespace std;
int main(){
    int n,a[105],sum=0;
    cin>>n;
    for(int i=1;i<=n;i++){
        cin>> a[i];
    }
    int b;
    cin>>b;
    for(int i=1;i<=n;i++){
        if(a[i]==b){
            sum++;
```

关注"小可学编程"微信公众号，获取答案解析和更多编程练习。

```
            }
        }
        cout<<sum;
        return 0;
    }
```

进阶练习

【练习 4.2.4】

题目描述

旅游时身高最高的游客一般会站在排头拿着旗帜，现在请编写一个程序，在给定的多个游客中找到最高身高的游客（如果身高最高的游客不唯一，那么选择最前面的那一个），并与排头的第一个人交换位置。

输入

第一行一个正整数 n(1≤n≤10000)，表示有 n 个游客。

第二行包含 n 个正整数，之间用一个空格隔开，表示 n 个游客的身高。

输出

输出一行，有 n 个正整数，每两个数之间用一个空格隔开，表示调换位置后各个位置上游客的身高。

样例输入

```
6
160 155 170 175 172 164
```

样例输出

```
175 155 170 160 172 164
```

【练习 4.2.5】

题目描述

期中考试临近，出题组出了 n(0≤n≤10000)套不同难度的试卷，小可要从中删除难度为 x(均为 1～10 之间的正整数)的试卷，现在需要你编写程序帮助小可完成这个任务。

输入

第一行包含一个正整数 n。

第二行包含 n 个正整数，表示每套试卷的难度，数字之间用空格隔开。

第三行包含一个正整数 x，代表要删掉出来的试卷。

输出

输出一行，包含若干正整数，之间用一个空格隔开，表示删除难度为 x 的试卷后剩余的试卷情况。

样例输入

```
6
1 10 3 1 7 2
1
```

样例输出

```
10 3 7 2
```

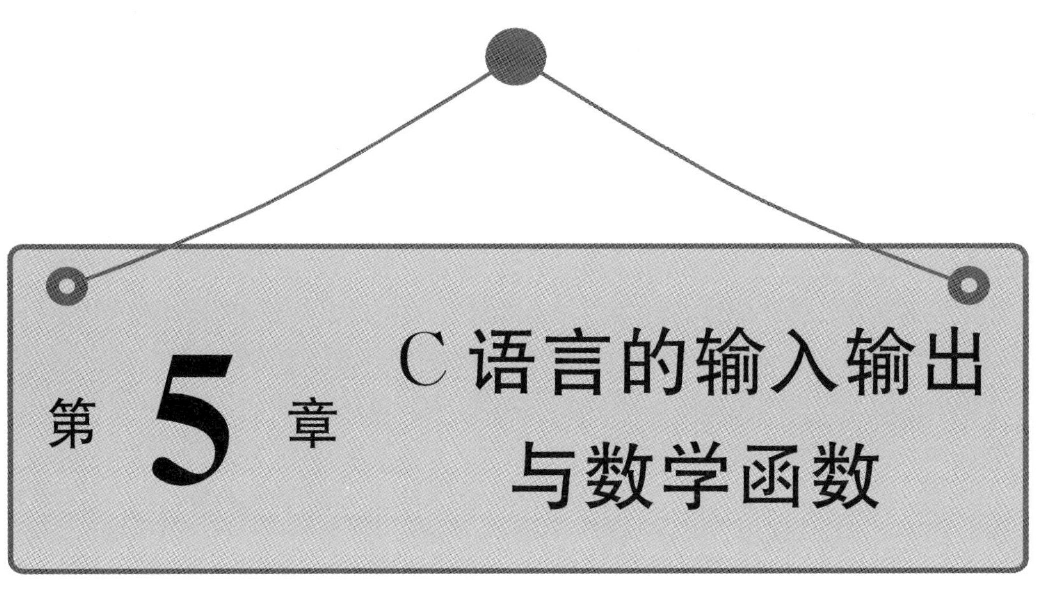

编 程 课 堂

走，我们去上课吧！

好的！

小可

达达

第 1 节　printf 函数与 scanf 函数

C++读作“C 加加”，是“C Plus Plus”的简称，顾名思义，C++是在 C 语言的基础上进行的扩展，C++语言兼容 C 语言中的基本语句语法。scanf 语句和 printf 语句是 C 语言中的输入输出语句，在 C++语言环境中亦可使用来实现数据的输入输出。且对于大数据的输入输出，使用 scanf 语句和 printf 语句比 C++的输入输出 cin 和 cout 效率高、速度快，但使用前需要在头文件部分使用“#include <cstdio>”。

 printf 函数

printf 函数调用的一般形式为：

```
printf("格式控制字符串",输出列表);
```

其中格式控制字符串用于指定输出格式，可由格式字符串和非格式字符串两种组成。格式字符串是以“%”开头的字符串，在“%”后面跟有各种格式字符，以说明输出数据的类型、形式、长度、小数位数等，如：

“%d”：表示按 int 整型输出。

“%f”：表示按小数形式输出单精度实数(float)。

“%.3f”：表示按小数形式输出单精度实数，保留小数点后三位。

“%lf”：表示按小数形式输出双精度实数(double)。

“%c”：表示输出单个字符(char)。

如果“""”内为非格式符，则原样输出，在显示中起提示作用。

printf 是标准库函数，对于不同数据类型变量和数据的输出，有严格对应的配对格式，使用前需要引入头文件：“#include<cstdio>”。

例题 5.1.1

编写一个程序，使用 printf 函数输出：你是第 1 名。

解析：如下代码输出了你是第几名，参数是“1”。特别注意的是，格式字符串和各输出项在数量和类型上应该一一对应。

参考答案：

```
#include<iostream>
#include<cstdio>
using namespace std;
int main(){
    printf("你是第%d名。",1);
    return 0;
}
```

学 习 笔 记

学习内容：printf 函数。

printf 函数调用的一般形式为：

printf(**"格式控制字符串",输出列表**);

注意：

①格式控制字符串和各输出项在数量和类型上应该一一对应。

②需要引入头文件："#include <cstdio>"。

动手练习

【练习 5.1.1】 分数的计算

题目描述

输入两个整数 a 和 b 分别作为分子和分母，即分数 a/b，求它的浮点数值（双精度浮点数，保留小数点后九位）。

输入

输入一行，包括两个整数 a 和 b。

输出

输出一行，即分数 a/b 的浮点数值（双精度浮点数，保留小数点后 9 位）。

样例输入

```
5 7
```

样例输出

```
0.714285714
```

小可的答案

```
#include<iostream>
#include<cstdio>
using namespace std;
int main(){
    int a,b;
    cin>>a>>b;
    printf("%.9lf",1.0*a/b);
    return 0;
}
```

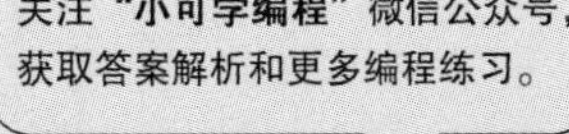
关注"小可学编程"微信公众号，
获取答案解析和更多编程练习。

进阶练习

【练习 5.1.2】 计算流感死亡率

题目描述

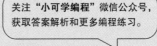

甲流并不可怕。请根据截止 2009 年 12 月 22 日 Y 省报告的甲流确诊数和死亡数，计算甲流在 Y 省的死亡率。

输入

输入一行，有两个整数，第一个为确诊数，第二个为死亡数。

输出

输出一行，为此流感的死亡率，以百分数形式输出，精确到小数点后三位。

样例输入

```
10433 60
```

样例输出

```
0.575%
```

scanf 函数

scanf 函数调用的一般形式为：

```
scanf("格式控制字符串",地址表列);
```

格式控制字符串的作用与 printf 函数相同，但不能显示非格式字符串，也就是不能显示提示字符串。格式控制符控制将输入的数据转化为对应数据类型的数据存入变量中，如：

"%d"：表示将参数格式化为十进制整数。

"%f"：表示将参数格式化为单精度浮点数(float)。

“%lf”表示将参数格式化为双精度浮点数(double)。

“%c”表示将参数格式化为单个字符(char)。

“%s”表示将参数格式化为字符串(非空格开始,空格结束,字符串变量以“\0”结尾)。

地址表列中给出各变量的地址。地址是由地址运算符“&”后跟变量名组成的。例如:“&a”“&b”分别表示变量 a 和变量 b 的地址。

scanf 函数在本质上也是给变量赋值,但要求写变量的地址。如“&a”“&”是个取地址运算符,“&a”是一个表达式,其功能是求变量的地址。像是快递员要送一个快递到小可家,若是仅仅知道小可的名字是无法将快递送至小可家的,但若是知道小可家的地址就可以送达了。同理,若要使用 scanf 函数将从键盘上读取的输入存入变量中,仅仅知道变量命名是无法将数据存入变量中的,需要使用取地址符“&”获取变量的地址才行。

例题 5.1.2

编写一个程序,使用 scanf 函数输入三个数字表示年月日后使用 printf 函数以年一月一日(如:2022—1—1)的形式输出。

解析:连续输入输出时格式字符串和各输入输出项在数量和类型上应该一一对应。

参考答案:

```
#include<iostream>
#include<cstdio>
using namespace std;
int main(){
    int year,month,day;
    scanf("%d%d%d",&year,&month,&day);
    printf("%d-%d-%d",year,month,day);
    return 0;
}
```

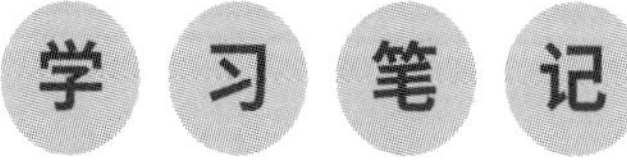

学习内容:scanf 函数

scanf 函数调用的一般形式为:

scanf(**“格式控制字符串”,地址表列**);

注意:

①格式字符串和各输入项在数量和类型上应该一一对应。

②需要引入头文件:“#include<cstdio>”。

③地址运算符:“&”。

第 2 节　算术表达式回顾和数学函数

如果现要求编写一个程序来实现求一个数的绝对值，小可一定会想到使用 if 双分支结构来判断输入的数是否为正数，若是正数则原样输出，否则进行取反即可。但是，C++中具有关于数学函数的相关应用，即直接使用数学函数就能实现该功能。

 算术表达式回顾

1. 算术运算符

C++语言为算术运算提供了 5 种基本算术运算符号：加(+)、减(-)、乘(×)、除(/)、模(%)，如表 5-2-1 所示。

表 5-2-1

运算符	含义	说明	例子
+	加法	加法运算	5+1,x+1
-	减法	减法运算	13-5,3-y
*	乘法	乘法运算	3*x
/	除法	除法运算	3/2,x/3.0
%	模	求余(求模)	k%3

上述运算符的优先级与数学中相同，“*”“/”“%”高于“+”“-”。

①两个整数相除的商为整数。

2/3=0　　　5/3=1

两个数据相除得到的商保留小数的方法(其中一个数不是整数即可)。

cout<<3*1.0/2;　　　　输出 1.5

cout<<(double)3/2;　　　输出 1.5

②求余运算符“%”只对整数有意义，即“%”的两个操作数都是整数。

7%4=3　　　4%7=4

求余运算符的用途很多，如下：

“n%10”：得到个位数。

“n%i”:判断 i 能否整除 n。

③求一个数的个位数:“%10”。

④删除一个数的个位数:“/10”。

2. 数据类型转换

①自动类型转换。在不同数据类型的混合运算中,编译器会将数据转换成同一类型,然后进行运算。且数据的转换按数据长度增加的方向进行,以保证精度不降低。

②强制类型转换。强制类型转换的一般形式为:

(类型名)(表达式)

例题 5.2.1

计算以下算式的结果:

①7/2+1.5=

②1.0 * 7/2+1.5=

③(float)7/2+1.5=

④(float)(7/2)+1.5=

参考答案:

①4.5

②5

③5

④4.5

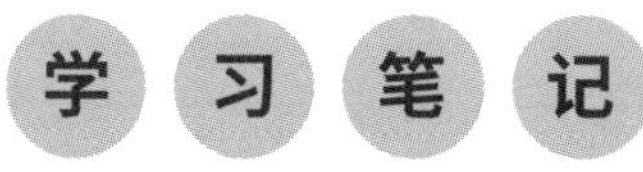

学习内容:算术表达式回顾、数据类型转换

1. **算术运算符**

算术运算符包含“+”“-”“ * ”“/”“%”五种,其中“/”两边都是整数的话结果只保留整数商,而取余运算只对整数有意义。“/10”可以消掉一个数的个位数,“%10”可以获取一个数的个位数。

2. **数据类型转换**

自动类型转换、强制类型转换。

数学函数

C++为我们提供了非常方便好用的函数，其中一些常用数学函数如表 5-2-2 所示。

表 5-2-2

数学函数	功能	例子
int abs(int)	求整型的绝对值	abs(－5)的值为 5
double fabs(double)	求实型的绝对值	fabs(－7.126)的值为 7.126
double ceil(double)	取上整，返回不比 x 小的最小整数	ceil(3.8)的值为 4，ceil(3)的值为 3
double floor(double)	取下整，返回不比 x 大的最大整数	floor(3.8)的值为 3，floor(3)的值为 3
double pow(double,double)	计算 x 的 y 次幂	pow(2,3)求出 2 的 3 次方的值为 8
double sqrt (double)	开平方	sqrt(9)的值为 3

数学函数使用前需要引入头文件："#include<cmath>"。

例题 5.2.2

输入一个整数 n，求 n 的绝对值。

参考答案：

```
#include<iostream>
#include<cmath>
using namespace std;
int main(){
    int n;
    cin>>n;
    cout<<abs(n);
    return 0;
}
```

学习笔记

学习内容：数学函数

使用数学函数需要引入头文件："#include<cmath>"。

"int abs(int)"：求整型的绝对值。

"double ceil(double)"：取上整，返回不比 x 小的最小整数。

"double floor(double)"：取下整，返回不比 x 大的最大整数。

"double pow(double,double)"：计算 x 的 y 次幂。

"double sqrt (double)"：开平方。

动手练习

【练习 5.2.1】 计算 2 的 n 次方

题目描述

给定正整数 n,求 2 的 n 次方。

输入

输入一个正整数。

输出

输出一个整数,即 2 的 n 次方。

样例输入

```
3
```

样例输出

```
8
```

小可的答案

分析:

指数函数:pow(x,y)计算 x 的 y 次方,结果为双精度实数,当所表示数超过 double 精度时会用科学计数法来表示数字。

例如:"pow(2,3)=2^3=8,pow(2,30)=2^{30}=1.07374e+009"。

用科学计数法表示数字不代表无法正确表示此数,此时只需要将"pow(2,30)"的值赋给一个整型变量就可以将其正常输出了,如"int a=pow(2,30);"。

```
#include<iostream>
#include<cmath>
using namespace std;
int main(){
    int n,v;
    cin>>n;
    v=pow(2,n);
    cout<<v;
    return 0;
}
```

关注"小可学编程"微信公众号,获取答案解析和更多编程练习。

【练习 5.2.2】 计算线 xy 的长度

题目描述

已知一条线上两个端点的坐标分别为 x(a,b),y(c,d),求线上 x 到 y 的长度。

输入

第一行是两个实数 a,b,即 x 的坐标。

第二行是两个实数 c,d,即 y 的坐标。输入的所有实数的绝对值均不超过 10000。

输出

一个实数,即线 xy 的长度,保留到小数点后三位。

样例输入

```
1 1
2 2
```

样例输出

```
1.414
```

提示

二维平面上两点 x(a,b)与 y(c,d)间的距离计算公式为:

$$|xy|=\sqrt{(a-c)^2+(b-d)^2}$$

小可的答案

```
#include<iostream>
#include<cstdio>
#include<cmath>
using namespace std;
int main(){
    double a,b,c,d,length;
    cin>>a>>b;
    cin>>c>>d;
    length=sqrt(pow(a-c,2)+pow(b-d,2));
    printf("%.3lf",length);
    return 0;
}
```

关注“小可学编程”微信公众号,获取答案解析和更多编程练习。

进阶练习

【练习 5.2.3】 三角形面积的计算

题目描述

平面上有一个三角形，它的三个顶点坐标分别为(a,b)，(c,d)，(e,f)，那么这个三角形的面积是多少？

输入

输入一行，包括 6 个单精度浮点数，分别对应 a,b,c,d,e,f。

输出

输出一行，输出三角形的面积，精确到小数点后两位。

样例输入

```
0 0 4 0 0 3
```

样例输出

```
6.00
```

提示

假设在平面内有一个三角形，边长分别为 a,b,c，三角形的面积 S 公式为：

$S=\sqrt{p(p-a)(p-b)(p-c)}$

而公式里的 p 为半周长(周长的一半)，即：

$p=(a+b+c)/2$

【练习 5.2.4】 饲养员小达

题目描述

可可动物园里有一头大象，现在饲养员小达负责每天给它喂水。已知大象每次需要喝 20 升水，但现在小达只有一个深 h 厘米、底面半径为 r 厘米的小圆桶(h 和 r 都是整数)。问小达至少需要准备多少桶水才会让大象解渴。

输入

输入一行，包含两个整数，分别表示小圆桶的深 h 和底面半径 r，单位都是厘米。

输出

输出一行，包含一个整数，表示大象至少要喝水的桶数。

样例输入

```
23 11
```

样例输出

```
3
```

提示

如果一个圆桶的深为 h 厘米、底面半径为 r 厘米，那么它最多能装 $\pi r^2 h$ 立方厘米的水(设 π=3.14159，π 在 C++中用 Pi 表示)。

1 升=1000 毫升

1 毫升=1 立方厘米

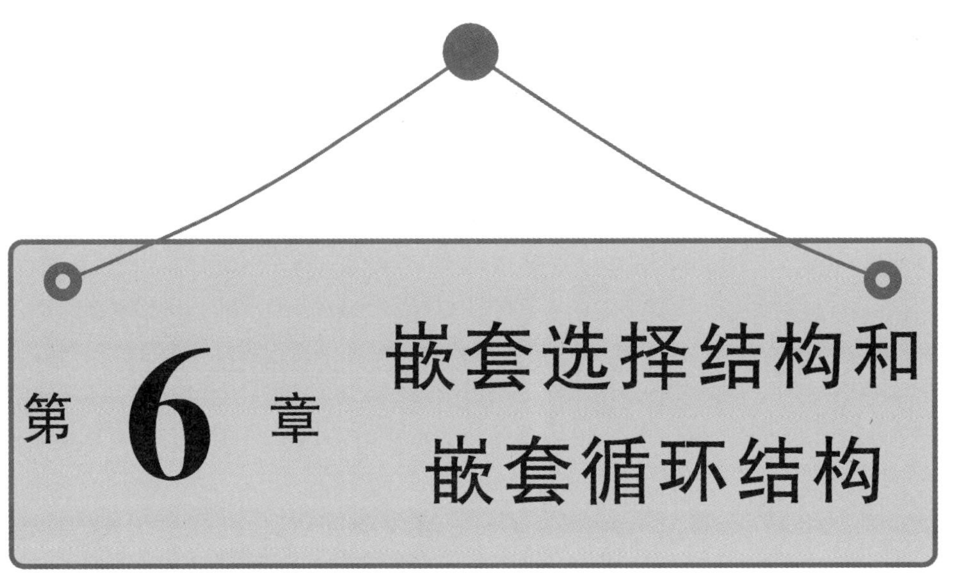

第6章 嵌套选择结构和嵌套循环结构

编程课堂

走，我们去上课吧！

好的！

小可

达达

第 1 节 选择结构回顾与嵌套选择

经过前面的学习,我们掌握了各种运算符及其表达式的含义和用法,还学习了选择结构的使用,明确了条件判断语句的写法,但如果要同时满足多个条件,除了逻辑与的连接方式,还有其他办法吗?

逻辑运算符与逻辑表达式回顾

1. 逻辑运算符

将两个关系表达式用逻辑运算符连接起来的表达式,称为“逻辑表达式”。逻辑表达式的一般形式可以表示为:

表达式 1　逻辑运算符　表达式 2

逻辑表达式的值是一个逻辑值。在 C++中,整型数据可以出现在逻辑表达式中,在进行逻辑运算时,根据整型数据的值是 0 或非 0,把它作为逻辑值“假”或“真”,然后参加逻辑运算。

逻辑运算真值表如表 6-1-1 所示,约定:A,B 为两个条件,值为 0 表示条件不成立,值为 1 表示条件成立。

表 6-1-1

A	B	A&&B	A||B	!A	!B
0	0	0	0	1	1
0	1	0	1	1	0
1	0	0	1	0	1
1	1	1	1	0	0

2. 运算符的优先级关系

运算符的优先级关系如图 6-1-1 所示。

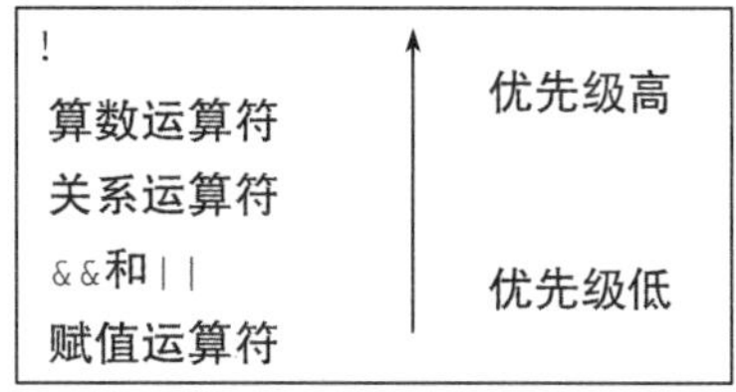

图 6-1-1

①"2&&!0",结果为1。

②"2>3||1<0",结果为0。

③"1+2>1&&!1",结果为0。

选择回顾

1. if 语句单分支形式

执行过程如图6-1-2所示:当表达式值为真(非0)时,执行语句1;当表达式为假(0)时,跳过if语句单分支结构。

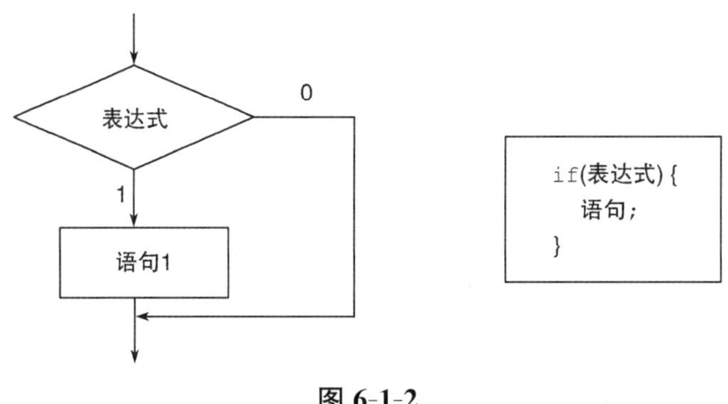

图 6-1-2

2. if else 语句双分支形式

执行过程如图6-1-3所示:当表达式值为真(非0)时,执行语句1;当表达式为假(0)时,执行语句2。

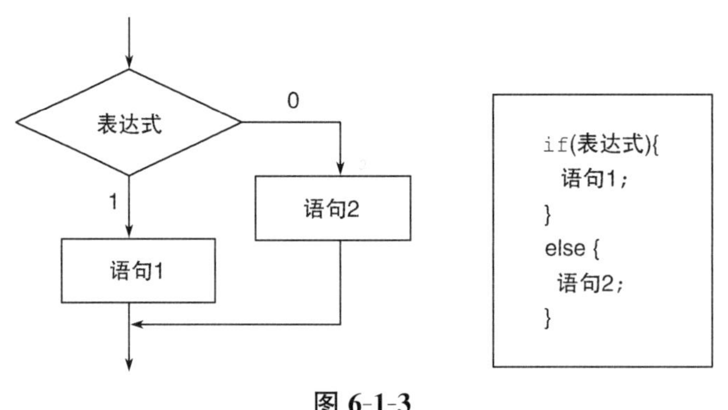

图 6-1-3

例题 6.1.1

判断一个数的尾数是不是0,是(比如120)则输出"yes",不是(比如1234)则输出"no"。

解析:想要得到一个数的尾数,可以使用取余符号来实现,同时用if…else双分支语句对尾数进行判断。

参考答案:

```
#include<iostream>
using namespace std;
int main(){
    int a;
    cin>>a;
    if(a%10==0){
        cout<<"yes"<<endl;
    }
    else{
        cout<<"no"<<endl;
    }
    return 0;
}
```

例题 6.1.2

从键盘上读入一个整数,判断这个数是否为 7 的倍数,或者末尾含有 7 的数,例如 7,14,17,21,27,28,…如果是,则输出“yes”,不是则输出“no”。

解析:判断这个数是否为 7 的倍数和末尾含有 7 都可以用取余符号来实现。通过题目可知,只要满足其中一个条件即可,可在 if 判断语句中用逻辑或符号进行连接。

参考答案:

```
#include<iostream>
using namespace std;
int main(){
    int a;
    cin>>a;
    if(a%7==0||a%10==7){
        cout<<"yes"<<endl;
    }
    else{
        cout<<"no"<<endl;
    }
    return 0;
}
```

3. if…else if 多重分支形式

if…else if 多重分支依次判断表达式的值，当出现某个值为真时，则执行对应代码块，否则执行代码块 n(见图 6-1-4)。注意：当某一条件为真的时候，则不会向下执行该分支结构的其他语句。与多重 if 分开!

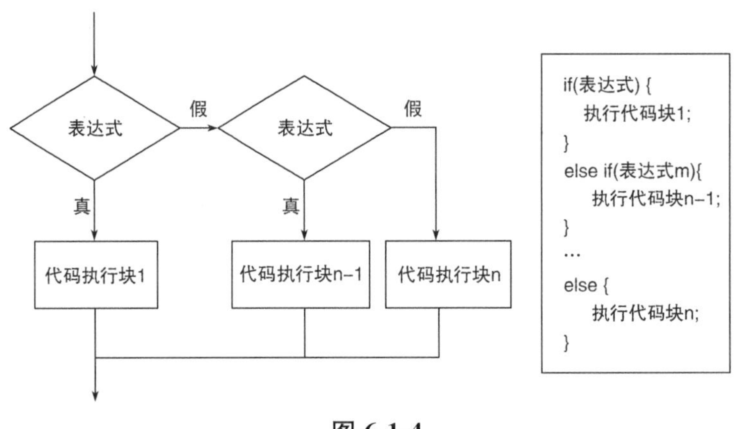

图 6-1-4

嵌套选择

例题 6.1.3

如何在三个数(见图 6-1-5)中找出最大的是哪一个?

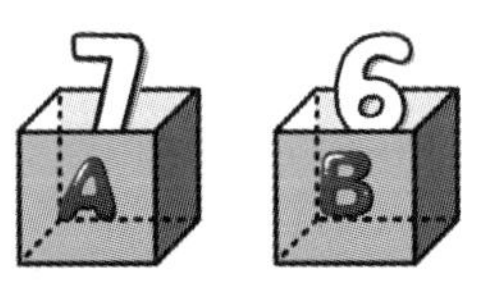

图 6-1-5

解析:之前学习 if 语句时，就做过这个题，可以利用三个 if 单分支语句，分别判断到底哪个数最大，即若 a 是最大的条件为 a 大于 b 并且 a 大于 c(a>b&&a>c)。

```
if(a>b&&a>c) {
    cout<<a;
}
if(b>a&&b>c) {
    cout<<b;
}
if(c>a&&c>b) {
    cout<<c;
}
```

现在，我们对这个程序重新进行分析，过程如图 6-1-6 所示。

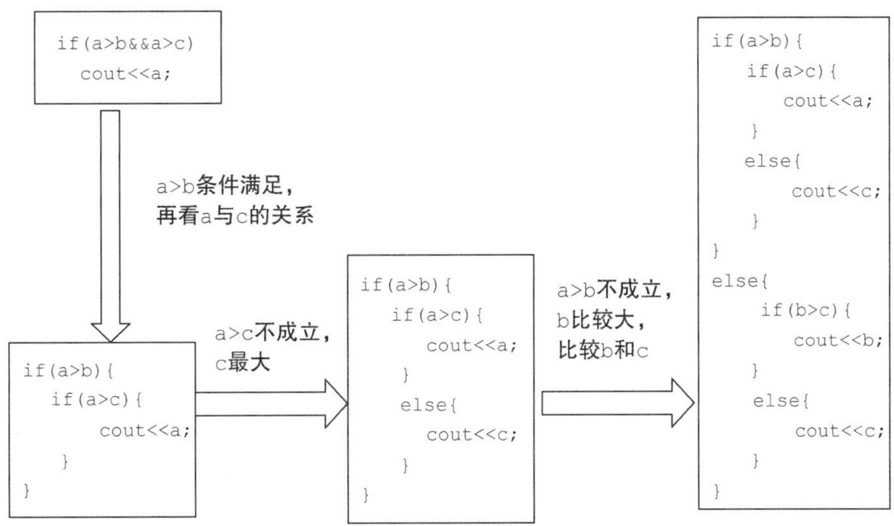

图 6-1-6

```
#include<iostream>
using namespace std;
int main(){
    int a,b,c;
    cin>>a>>b>>c;
    if(a>b){
        if(a>c)
            cout<<a;
        else
            cout<<c;
    }
    else{
        if(b>c)
            cout<<b;
        else
            cout<<c;
    }
    return 0;
}
```

在例题中，把之前用的三个 if 单分支语句的程序改写成嵌套 if 语句。在用嵌套 if 语句表达问题时，最重要的是先把问题的分支逻辑关系分析清楚。先把比较大小的分支逻辑关系梳理清楚，接着用 if 表达分支逻辑关系就顺理成章了（见图 6-1-7）。

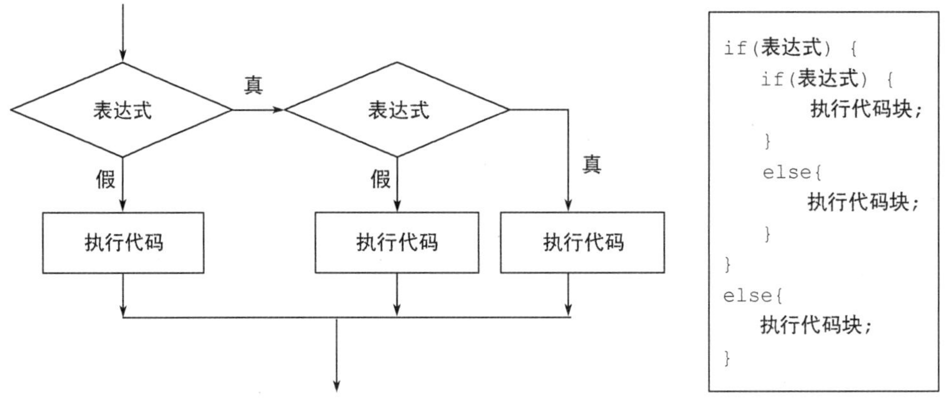

图 6-1-7

嵌套 if 语句是指在 if…else 分支中还存在 if…else 语句。嵌套 if 语句的框架如图 6-1-8 所示。

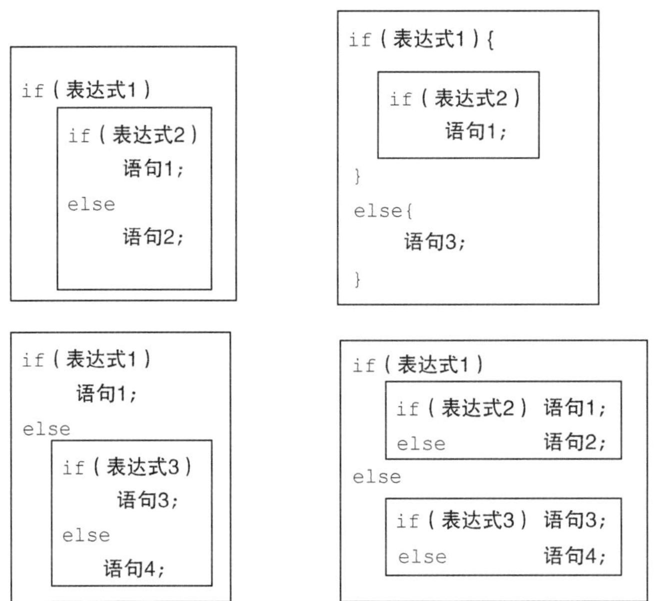

图 6-1-8

在使用嵌套 if 语句时，需要特别注意 if 与 else 的配对关系，else 总是与它上面最近的且未配对的 if 配对。缺省{ }时，else 总是和它上面离它最近的未配对的 if 配对。例如图 6-1-9 的嵌套框架，没有括号时，else 就近匹配。

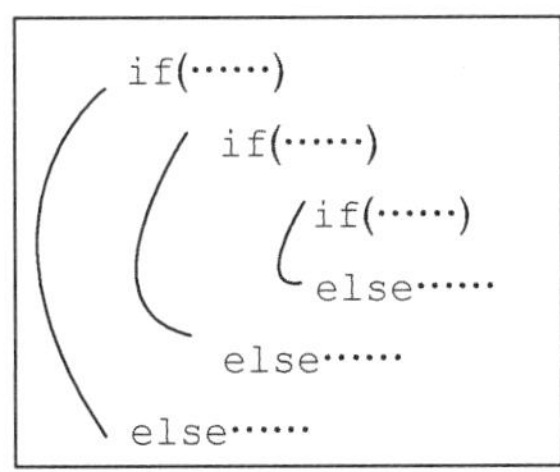

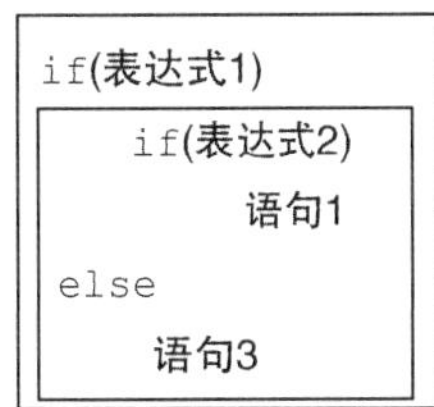

图 6-1-9

例题 6.1.4

有如下函数，编一程序，输入一个 x 值，输出 y 值。

$$y=\begin{cases}-1 & (x<0)\\ 0 & (x=0)\\ -1 & (x>0)\end{cases}$$

有以下几种写法，请判断哪些是正确的？

解析：根据题目要求可知，可按照 x 的值的三种情况对 y 进行判别。

参考答案：

```
int main( )
{
    int x,y;
    cin>>x;
    y=-1;
    if(x!=0)
        if(x>0)
            y=1;
        else
            y=0;
    cout<<x<<y;
}
```

```
int main( )
{
    int x,y;
    cin>>x;
    y=0;
    if(x>=0)
        if(x>0)
            y=1;
        else
            y=-1;
    cout<<x<<y;
}
```

```
int main ( )
{
    int x, y;
    cin>>x;
    if (x<0)
        y=-1;
```

```
int main ( )
{   int x, y;
    cin>>x;
    if (x>=0)
        if (x>0)
            y=1;
```

```
    else if (x==0)
        y=0;
    else
        y=-1;
    cout<<x<<y;
}
```

```
        else
            y=0;
        else
            y=-1;
    cout<<x<<y;
}
```

四种写法分别是:错误,错误,正确,正确。

学 习 笔 记

学习内容:嵌套选择结构

if 语句的嵌套,就是在 if 语句中又包含一个或多个 if 语句,在满足最外层 if 判断条件的基础上,继续进行内层的 if 语句判断。

注意:缺少{ }时,else 总是和它上面离它最近的、未配对的 if 配对。

动手练习

【练习 6.1.1】 编程等级评定

题目描述

学校进行了编程考试,现在要根据各位同学的成绩进行评级,规定如下:A 级,成绩≥90;B 级,90>成绩≥80;C 级,80>成绩≥70;D 级,70>成绩≥60;E 级,成绩<60。请根据输入的成绩输出对应等级。

输入

输入一行,一个 0~100 以内整数,表示成绩。

输出

输出一行,一个字符,表示该成绩所对应的等级。

样例输入

```
90
```

样例输出

```
A
```

提示

分段函数返回字符。

小可的答案

分析：

可以使用 if…else if 多重分支语句，对各种情况进行判断。

```
#include <iostream>
using namespace std;
int main(){
    int n;
    cin>>n;
    if(n>=90){
        cout<<"A";
    }
    else if(n>=80){
        cout<<"B";
    }
    else if(n>=70){
        cout<<"C";
    }
    else if(n>=60){
        cout<<"D";
    }
    else {
        cout<<"E";
    }
    return 0;
}
```

关注“小可学编程”微信公众号，获取答案解析和更多编程练习。

【练习 6.1.2】 优秀员工的评选

题目描述

济南某一销售公司要评选优秀员工，刘先生已经知道获得优秀员工的条件：年销售业绩在 100 万元以上，并且入职年数不少于两年。请你编写个程序，帮刘先生判断下他能否获得优秀员工。

输入

两个整数，第一个表示年销售业绩，第二个表示入职年数。

输出

如果获得优秀员工，输出“恭喜获得优秀员工”，否则输出“再接再厉”。

样例输入

```
200 5
```

样例输出

```
恭喜获得优秀员工
```

小可的答案

分析：

根据题目要求可知，年销售业绩 100 万元（不包括 100 万元），和入职不少于两年（包括两年）需要同时满足，所以可以通过嵌套 if 来实现。

```
#include<iostream>
using namespace std;
int main(){
    int a,b;
    cin>>a>>b;
    if(a>100){
        if(b>=2)
            cout<<"恭喜获得优秀员工"<<endl;
        else
            cout<<"再接再厉"<<endl;
    }
    else{
        cout<<"再接再厉"<<endl;
    }
    return 0;
}
```

关注“小可学编程”微信公众号，获取答案解析和更多编程练习。

进阶练习

【练习 6.1.3】 小可的考试奖励

题目描述

马上期中考试了，为提高小可的备考积极性，小可的爸爸向她作出承诺，如果小可在本次期中考试中取得好成绩的话会有相对应的奖励，具体的奖励措施如下：

①如果小可本次考试平均分在 90 分以上，将会获得一件小可最喜欢的玩具。

②如果小可本次考试不仅平均分在 90 分以上，还考到了班内前三名，除了可以买玩具之外，还能够去吃一顿大餐。

但是，如果平均分没有达到 90 分以上，那么很遗憾，什么奖励也没有。

输入

输入一行，两个整数，第一个表示平均成绩，第二个表示名次。

输出

如果买玩具输出“买玩具”；如果能吃大餐就输出“吃大餐”；否则输出“没有奖励”。

样例输入

```
98 2
```

样例输出

```
吃大餐
买玩具
```

第 2 节　条件运算符和 switch 语句

通过之前的学习,我们了解到条件判断可以用 if 语句来实现,包括 if 单分支语句、if…else 双分支语句、if…else if 多重分支语句,那么,除了 if 条件语句,还有其他形式的语句可以实现条件判断吗?

条件运算符

例题 6.2.1

输入两个整数,比较并输出两个数中较大的那个数。

解析: 想要求得两数中的较大数,可以用 if…else 双分支语句来实现。

参考答案:

```
#include<iostream>
using namespace std;
int main(){
    int a,b,max;
    cin>>a>>b;
    if(a>b){
        max=a;
    }
    else{
        max=b;
    }
    cout<<max;
    return 0;
}
```

现在,有另一种更简便的方法来完成两个数的比较,即使用条件运算符比较。其作用就是将两个变量 a,b 的最大值赋予 max 整型变量中。

```
int max;
```

```
max=a>b?a:b;
```

条件运算符的格式为：

<表达式 1>?<表达式 2>:<表达式 3>

条件表达式要求有 3 个操作对象，“?”和“:”一起出现在条件表达式中，称为“三目(元)运算符”，是 C++中唯一的一个三元运算符。

条件表达式的运算规则为：

①先计算表达式 1 的值。

②若表达式 1 的值为真(或非 0)，则只计算表达式 2 的值，并将结果作为整个表达式的值。

③反之，若表达式 1 的值为假(或为 0)，则只计算表达式 3 的值，并将其结果作为整个表达式的值。

执行过程如图 6-2-1 所示。

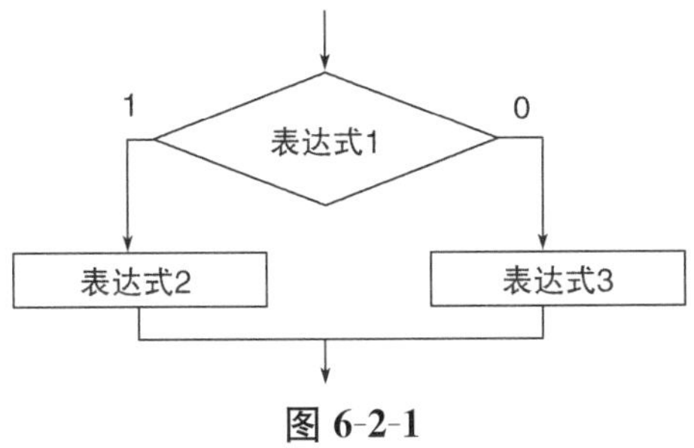

图 6-2-1

 switch 语句

例题 6. 2. 2

有一个射击的游戏，如果射中 1 号气球，将获得一个水杯(输出“水杯”)，如果射中 2 号气球，获得笔筒(输出“笔筒”)；如果射中 3 号气球，获得鼠标(输出“鼠标”)。如果都没射中，则输出“No!”请帮忙实现这个过程。如果用 if…else if 来解决这个问题应该怎么写?

解析：根据题意可知，通过判断气球的编号可以得知没获得的礼物，所以我们可以用 if…else if 多分支语句来实现。

参考答案：

```
#include<iostream>
using namespace std;
int main(){
    int s;
    cin>>s;
```

```
    if(s==1)  cout<<"水杯";
    else if(s==2)  cout<<"笔筒";
    else if(s==3)  cout<<"鼠标";
    else  cout<<"NO!";
    return 0;
}
```

那如果现在不想用 if…else if 语句的话，有没有其他的办法解决这个问题？另一种选择语句 switch 就可以解决，switch 语句代码如下：

参考答案：

```
#include<iostream>
using namespace std;
int main(){
    int s;
    cin>>s;
    switch(s){
        case 1:
            cout<<"水杯";
            break;
        case 2:
            cout<<"笔筒";
            break;
        case 3:
            cout<<"鼠标";
            break;
        default:
            cout<<"NO!";
    }
    return 0;
}
```

1. switch 语句

switch 语句是多分支选择语句，也叫“开关语句”。switch 语句基本格式及框架图如图 6-2-2 所示。

```
switch(表达式){
    case 常量表达式 1:[语句组 1] [break;]
    ……
    case 常量表达式 n:[语句组 n] [break;]
    [default:语句组 n+1]
}
```

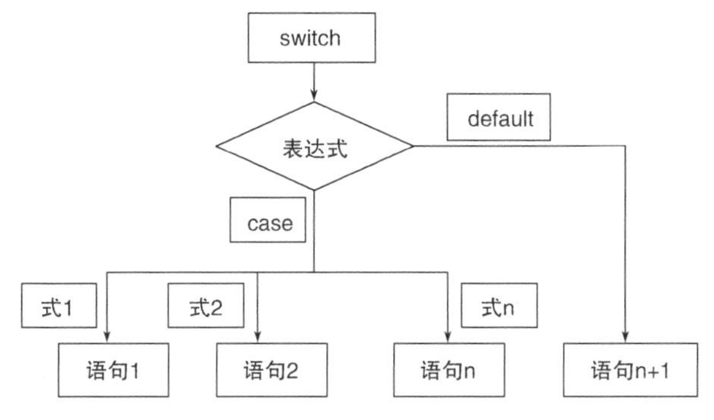

图 6-2-2

2. 功能

首先计算表达式的值，case 后面的常量表达式值逐一与之匹配，当某一个 case 分支中的常量表达式值与之匹配时，则执行该分支后面的语句组，然后顺序执行之后的所有语句，直到遇到 break 语句或 switch 语句的右括号“}”为止。如果 switch 语句中包含 default，default 表示表达式与各分支常量表达式的值都不匹配时，执行其后面的语句组，通常将 default 放在最后。

3. 规则

①合法的 switch 语句中的表达式其取值只能是整型、字符型、布尔型或者枚举型。

②常量表达式是由常量组成的表达式，值的类型与表达式类型相同。

③任意两个 case 后面的常量表达式值必须各不相同，否则将引起歧义。

④语句组可以是一个语句也可以是一组语句。

⑤基本格式中的“[ ]”表示可选项。

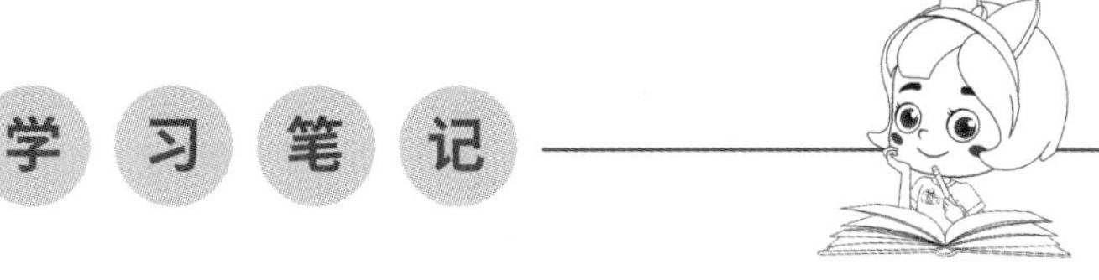

学习内容：条件运算符、switch 语句

条件运算符的运算过程类似 if…else 双分支语句，都是通过条件判断，来实现进一步的操作；switch 开关语句类似 if…else if 多重分支语句，根据每一种条件判断情况，选择进一步的具体实现。

动手练习

【练习 6.2.1】 两极差

题目描述

小可的爸爸给小可出了个题目，让小可编程，求出三个整数中的最大数和最小数之间的差，请你帮助小可解决这个问题。

输入

输入一行，输入 3 个正整数(取值范围小于 100000000)

输出

输出一行，最大数和最小数的差值。

样例输入

```
1 5 9
```

样例输出

```
8
```

小可的答案

分析：

要求的最大值和最小值，可以使用我们本节课学习的条件运算符，先求得两数之间的较大数(较小数)，再用这个数与第三个数比较，得到最大值(最小值)。

```
#include<iostream>
using namespace std;
int main(){
    int a,b,c,max,min;
    cin>>a>>b>>c;
    max=b>a?b:a;
    max=c>max?c:max;
    min=b<a?b:a;
    min=c<min?c:min;
    cout<<max-min;
    return 0;
}
```

【练习 6.2.2】 客服调查

题目描述

编写程序实现功能：统计电信客服反馈信息。输入 1，输出“十分满意”；输入 2，输出“满意”；输入 3，输出“基本满意”；输入 4，输出“不满意”；输入其他数据，输出“我要投诉!”

输入

一个整数(int 范围内正整数)。

输出

相应的反馈意见。

样例输入

```
999
```

样例输出

```
我要投诉!
```

小可的答案

分析：

根据题目要求可知，我们需要对输入的编号进行条件判断，可以使用本节的 switch 开关语句来实现。

```
#include<iostream>
using namespace std;
int main(){
    int n;
    cin>>n;
    switch(n){
        case 1:
            cout<<"十分满意";
            break;
        case 2:
            cout<<"满意";
            break;
        case 3:
```

关注“小可学编程”微信公众号，
获取答案解析和更多编程练习。

```
                cout<<"基本满意";
                break;
            case 4:
                cout<<"不满意";
                break;
            default:
                cout<<"我要投诉!";
        }
        return 0;
    }
```

第 3 节 循环结构回顾与嵌套循环

之前我们学习了几种不同的循环语句,用来实现多次重复的操作,就像打印 3 行 5 个 * 号,就可以循环三次来输出每一行的 * 号,但如果我们换成 50 行 100 个 * 号,甚至更多的话,用单层循环就会变得十分复杂,那么,还有没有什么更好的办法?

 循环结构回顾

首先来看 while 死循环结构,如图 6-3-1 所示。

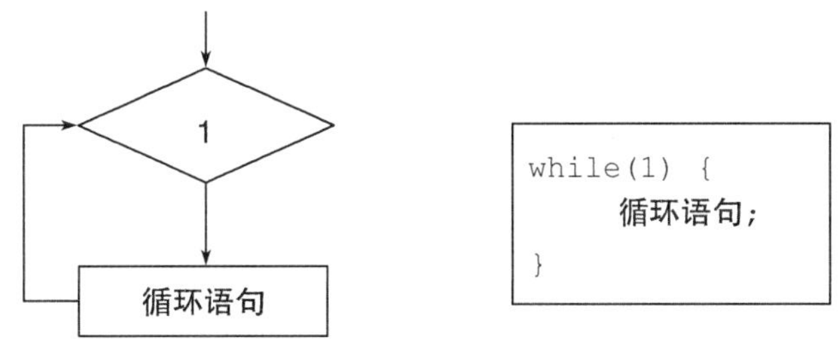

图 6-3-1

注意:死循环需要有条件判断语句判断跳出循环的条件,跳出循环可以用 break 语句。

接着来看 while 循环结构,如图 6-3-2 所示。

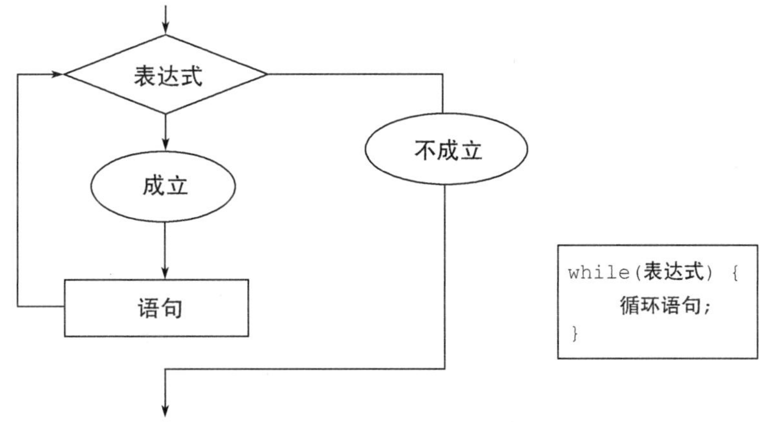

图 6-3-2

while 死循环其实是 while 循环的特殊形式,故两者之间可以灵活转换,做题的时候可

以多尝试几种方法。

接下来是 for 循环结构。for 循环小括号内三个语句相应的意义要掌握，三个语句亦可以根据题意灵活使用，如图 6-3-3 所示。

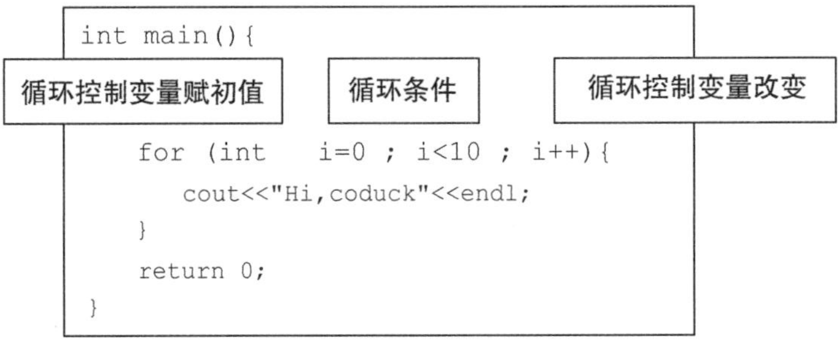

循环控制变量赋初值　　循环条件　　循环控制变量改变

```
int main(){
    for (int  i=0 ; i<10 ; i++){
        cout<<"Hi,coduck"<<endl;
    }
    return 0;
}
```

图 6-3-3

for 循环和 while 循环也可以互相转化，如图 6-3-4 所示。

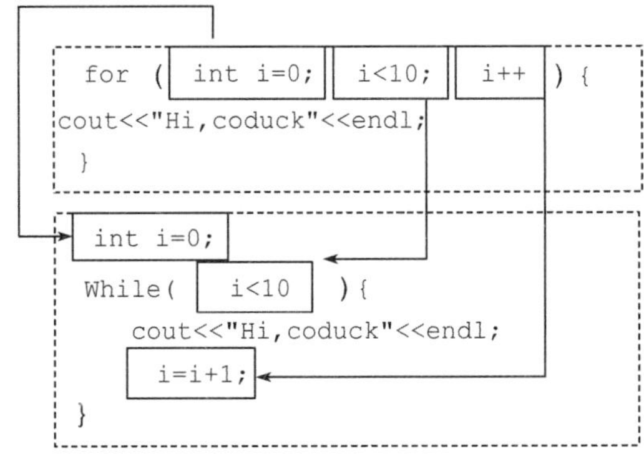

图 6-3-4

既然 for 循环和 while 循环可以相互转换，那么，for 循环和 while 循环使用起来有什么差别呢？要注意，当循环次数确定时，用 for 循环更加方便；当循环次数不确定，只知道循环结束或者继续的条件时，while 循环更适合。

do…while 循环如图 6-3-5 所示。

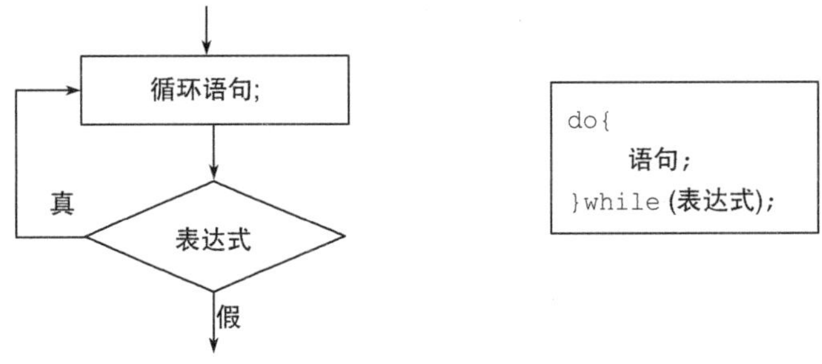

图 6-3-5

三种循环的对比如下：

①for 循环和 while 循环是先判断后执行，有可能会出现依次循环也不执行的情况，但是 do…while 循环至少会执行一次。

②使用建议：凡是次数确定、范围确定的情况，尽量使用 for 循环。如果次数不确定，只能判断条件是否成立，那么多用 while 循环。

例题 6.3.1

一个农民伯伯在集市上卖西瓜，总共有 1020 个西瓜，第一天卖掉一半又两个，第二天卖掉剩下的一半又两个。按照这个规律卖下去，这个伯伯几天能将所有的西瓜卖光？

解析：设西瓜一共有 x 个，每天西瓜个数的变化可能如图 6-3-6 所示。

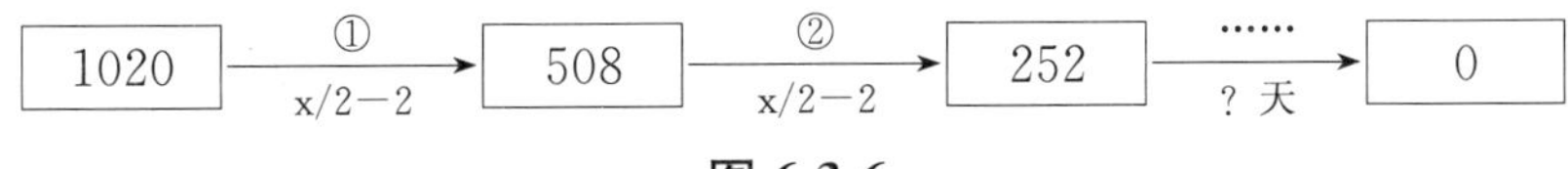

图 6-3-6

参考答案：

```
#include<iostream>
using namespace std;
int main(){
    int day,x;
    day=0;
    x=1020;
    while(x>0){
        x=x/2-2;
        day++;
    }
    cout<<"day="<<day;
    return 0;
}
```

嵌套循环

例题 6.3.2

打印如图 6-3-7 所示的图形。

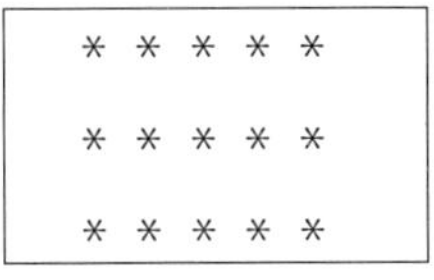

图 6-3-7

解析：我们可以使用简单的输出语句直接输出。

参考答案：

```
#include<iostream>
using namespace std;
int main(){
    cout<<"*****"<<endl;
    cout<<"*****"<<endl;
    cout<<"*****"<<endl;
    return 0;
}
```

但是如果要输出 100 行，每行 100 个“*”呢？用输出语句就很麻烦了！

首先，这道题的另一种做法可以用 if 语句来控制打印行。一共 15 个“*”，每输出 5 个进行换行，所以判断条件就是“i%5==0”。

参考答案：

```
#include<iostream>
using namespace std;
int main(){
    int i=1;
    while(i<=15){
        cout<<"*";
        if(i%5==0)
            cout<<endl;
        i++;
    }
    return 0;
}
```

当然还有别的方法，那就是嵌套循环。

本题的输出内容可以看作：一共 3 行，每行需要打印 5 个“*”。首先可以用 for 循环执行 5 次，每执行一次输出一个“*”，控制输出一行 5 个“*”，而输出一行的 for 循环要重复执行 3 次来输出三行，所以在 for 循环外嵌套一个执行 3 次的 for 循环，来控制内层循环执行 3 次，达到输出三行的目的。于是，构成了一个两层循环，外层循环是 1～3 行的处理，而内层循环则是输出同一行上的每一列。因此，对于第 i 行，内层循环可以设置重复 5 次。

两种嵌套循环代码如下：

```
#include<iostream>
using namespace std;
int main(){
    int i=1;
    while(i<=3){
        int k=1;
        while(k<=5){
            cout<<"*";
            k++;
        }
        cout<<endl;
        i++;
    }
    return 0;
}
```

```
#include<iostream>
using namespace std;
int main(){
    for(int i=1;i<=3;i++){
        for(int k=1;k<=5;k++){
            cout<<"*";
        }
        cout<<endl;
    }
    return 0;
}
```

说明：对于多重循环而言，外层循环执行一次，内层循环将执行若干次，直到内层循环的条件不成立，外层循环才会去执行下一次操作。

循环的嵌套：

①一个循环体内包含着另一个完整的循环结构，就称为“嵌套循环”。

②内嵌的循环又可以嵌套循环，从而构成多重循环。

③三种循环可以相互嵌套。下面都是合法的嵌套。

```
(1)while()
   {…
      while()
      {…
      }
      …
   }
```

```
(2)do()
   {…
      do()
      {…
      }while();
      …
   }while();
```

```
(3)for(;;)
   {…
      for(;;)
      {…
      }
      …
   }
```

```
(4)while()
   {…
      do
      {…
      }while();
      …
   }
```

```
(5)do
   {…
      for(; ; )
      {…
      }
      …
   }while();
```

```
(6)for(; ;)
   {…
      while()
      {…
      }
      …
   }
```

注意：

①嵌套的循环控制变量不应同名，以免造成混乱。

②内循环变化快，外循环变化慢。

③正确确定循环体。

④循环控制变量与求解的问题挂钩。

例题 6.3.3

打印如图 6-3-8 所示图形。

```
*
* *
* * *
* * * *
* * * * *
* * * * * *
* * * * * * *
* * * * * * * *
* * * * * * * * *
9×9 三角形
```

图 6-3-8

解析:打印图形总是逐行逐列进行的。对于本题，要重复9行操作，对于每一行，又重复若干次输出“＊”的操作。于是，构成了一个两层循环，外层循环是1～9行的处理，而内层循环则是输出同一行上的每一列。分析样例，不难发现，每一行上“＊”的个数恰是行数。因此对于第i行，内层循环可以设置重复i次。

参考答案:

```
#include<iostream>
using namespace std;
int main(){
    int i,j;
    for(int j=1;j<=9;j++){
        for(int i=1;i<=j;i++){
            cout<<"*";
        }
        cout<<endl;
    }
    return 0;
}
```

例题 6.3.4

打印九九乘法表。

1×1=1								
1×2=2	2×2=4							
1×3=3	2×3=6	3×3=9						
1×4=4	2×4=8	3×4=12	4×4=16					
1×5=5	2×5=10	3×5=15	4×5=20	5×5=25				
1×6=6	2×6=12	3×6=18	4×6=24	5×6=30	6×6=36			
1×7=7	2×7=14	3×7=21	4×7=28	5×7=35	6×7=42	7×7=49		
1×8=8	2×8=16	3×8=24	4×8=32	5×8=40	6×8=48	7×8=56	8×8=64	
1×9=9	2×9=18	3×9=27	4×9=36	5×9=45	6×9=54	7×9=63	8×9=72	9×9=81

解析:首先要知道总共几行，外循环是什么，总共几列，内循环是什么，第i行第j列个元素不是“＊”，是什么？

参考答案：

```
#include<iostream>
using namespace std;
int main(){
    for(int i=1;i<=9;++i){
        for(int j=1;j<=i;++j){
            cout<<j<<"*"<<i<<"="<<i*j<<" ";
        }
        cout<<endl;
    }
    return 0;
}
```

学习笔记

学习内容：嵌套循环

对于多重循环而言，外层循环执行一次，内层循环将执行若干次，直到内层循环的条件不成立，外层循环才会去执行下一次操作。

循环的嵌套：

①一个循环体内包含着另一个完整的循环结构，就称为“嵌套循环”。

②内嵌的循环又可以嵌套循环，从而构成多重循环。

③三种循环可以相互嵌套。

动手练习

【练习 6.3.1】 心算

题目描述

小可最近学到了一个新技能：心算。小可忍不住地向她的朋友们炫耀，可朋友们不信，想来检测下小可是否真的会心算，立刻给小可出了题目。小可的朋友总共 n 个，一个人说一个整数，让小可算出这 n 个整数的和以及平均值。

输入

第一行是 1 个整数 n，表示小可朋友的数量（1≤n≤10000）。

第 2～n+1 行每行包含 1 个整数，每个整数的绝对值均不超过 10000。

输出

输出一行，先输出和，再输出平均值(保留到小数点后 5 位)，两个数间用单个空格隔开。

样例输入

```
4
344
222
343
222
```

样例输出

```
1131 282.75000
```

提示

此题需要用 double 型，不能用 float 型。

小可的答案

分析：

根据题目要求可知，要对 n 个小朋友给出的数字求和，所以可以循环借助累加器来实现，但要注意输出的是保留 5 位小数的浮点数，有 printf 和 cout 两种输出形式，不要记混。

```
#include<iostream>
#include <cstdio>
using namespace std;
int main(){
    int n,x,sum=0;
    double ave;
    cin>>n;
    for(int i=1;i<=n;i++){
        cin>>x;
        sum+=x;
    }
    ave=1.0*sum/n;
    printf("%d %.5lf",sum,ave);
    return 0;
}
```

【练习 6.3.2】 打印 * 号

题目描述

输入一个正整数 n,输出 n 行"*"号三角形。

输入

输入一行,一个正整数 n(1≤n≤10)。

输出

输出若干行,为对应的"*"号三角形。

样例输入

```
5
```

样例输出

```
*
* *
* * *
* * * *
* * * * *
```

小可的答案

分析:

与例题的区别是,输入几才输出几行,所以可以在例题的基础上加以修改。

```
#include<iostream>
#include<cstdio>
using namespace std;
int main(){
    int n;
    scanf("%d",&n);
    for(int j=1;j<=n;j++){
        for(int i=1;i<=j;i++){
            printf("* ");
        }
        printf("\n");
    }
    return 0;
}
```

关注"小可学编程"微信公众号,
获取答案解析和更多编程练习。

【练习 6.3.3】 n 行乘法表

题目描述

输入一个正整数 n,输出 n 行乘法表。

输入

输入一行,一个正整数 n(1≤n≤10)。

输出

输出 n 行,为对应的乘法表三角形。

样例输入

```
5
```

样例输出

```
1*1=1
1*2=2  2*2=4
1*3=3  2*3=6   3*3=9
1*4=4  2*4=8   3*4=12  4*4=16
1*5=5  2*5=10  3*5=15  4*5=20  5*5=25
```

小可的答案

分析:

与例题的区别是,输入几才输出几行,所以可以在例题的基础上加以修改。

```
#include <iostream>
#include<cstdio>
using namespace std;
int main(){
    int n;
    scanf("%d",&n);
    for(int j=1;j<=n;j++){
        for(int i=1;i<=j;i++){
            printf("%d*%d=%d ",i,j,i*j);
        }
        printf("\n");
    }
    return 0;
}
```

【练习 6.3.4】 小可的幸运数的个数

题目描述

小可的幸运数字是 1，现在有一个正整数，小可想知道这个数里有几个她的幸运数字 1，你能帮她数一下吗？

输入

输入一行，一个正整数 n(0⩽n⩽1000000000)。

输出

一个正整数，即“1”的个数。

样例输入

```
11912
```

样例输出

```
3
```

小可的答案

分析：

要判断一个数有多少个 1，可以利用数位分离来实现，对分离出来的每一位进行判断，所以要用到循环，而且像这种循环次数不确定的，最好采用 while 循环。

```
#include<iostream>
using namespace std;
int main(){
    int n,k=0;
    cin>>n;
    while(n!=0){
        int x=n%10;
        if(x==1){
            ++k;
        }
        n=n/10;
    }
    cout<<k;
    return 0;
}
```

关注“**小可学编程**”微信公众号，
获取答案解析和更多编程练习。

【练习 6.3.5】　小可的幸运数的个数

题目描述

小可的幸运数字是 1，现在有一个正整数 a，小可想知道 1～a 之间的整数中，有几个她的幸运数字 1，你能帮她数一下吗？

输入

正整数 a(1≤a≤10000)。

输出

一个正整数，即“1”出现的个数。

样例输入

```
12
```

样例输出

```
5
```

提示

例如 a 为 2 时，总共两个数：1，2，此时出现了 1 个幸运数字“1”；当 a 为 12 时，总共 12 个数：1，2，3，4，5，6，7，8，9，10，11，12，此时出现了 5 个幸运数字“1”。

小可的答案

分析：

在上题的基础上，我们要求的是一个范围内每个数有多少个“1”，所以可以用嵌套循环来实现。根据题目要求可知，范围循环的次数确定，优先选择 for 循环。并且范围内的每一个数的变化要慢于数位分离，按照嵌套循环“外慢内快”的特点，可以确定范围作外层循环，数位分离作内层循环。

```
#include <iostream>
using namespace std;
int main(){
    int i,j,n,a,s=0;
    cin>>a;
    for(int i=1;i<=a;i++){
        n=i;
        while(n!=0){
```

```
            j=n%10;
            n=n/10;
            if(j==1) s++;
        }
    }
    cout<<s;
    return 0;
}
```

【练习 6.3.6】 幸运数的个数

题目描述

小可的幸运数字是 x，现在有一个正整数 a，小可想知道 1～a 之间的整数中，有几个她的幸运数字 x，你能帮她数一下吗？

输入

输入一行，包含 2 个整数 a，x，之间用一个空格隔开。

输出

输出一行，包含 1 个整数，表示 x 出现的次数。

样例输入

```
11 1
```

样例输出

```
4
```

提示

对于 100%的数据，$1\leqslant a\leqslant 1000000$，$0\leqslant x\leqslant 9$。

小可的答案

分析：

本题和上题的区别是，幸运数字由“1”变为了输入的“x”，所以可以在上题的基础上加以修改。

```
#include <iostream>
using namespace std;
int main(){
    int a,x,cnt=0;
    cin>>a>>x;
    for(int i=1;i<=a;i++){
        int k=i;
        while(k!=0){
            if(k%10==x){
                cnt++;
            }
            k=k/10;
        }
    }
    cout<<cnt;
    return 0;
}
```

关注"小可学编程"微信公众号，获取答案解析和更多编程练习。

【练习 6.3.7】 判断质数

题目描述

小可今天知道了质数的概念：大于 1 的正整数，只有 1 和它本身这两个因子即为质数。现在小可想用如程序来实现判断一个正整数是否为质数的过程。如果这个数是质数，则输出"prime"，否则输出"not prime"。

输入

输入一行，一个正整数 n(2≤n≤107)。

输出

输出一行，一个字符串。

样例输入

```
8
```

样例输出

```
not prime
```

小可的答案

分析：

根据题目可知，只要在2到它本身的数中间出现一个它的因子，它就不是一个质数，所以我们在循环的时候可以借助一个标记，如果找到了它的因子，就把标记值改变，最后在循环外来判断标记值是否发生了改变。

```
#include<iostream>
using namespace std;
int main(){
    int n,flag=1;
    cin>>n;
    for(int i=2;i<=n-1;i++){
        if(n%i==0) {
            flag=0;
            break;
        }
    }
    if(flag==0) cout<<"not prime";
    else cout<<"prime";
    return 0;
}
```

关注“小可学编程”微信公众号，获取答案解析和更多编程练习。

进阶练习

【练习 6.3.8】 特殊的e

题目描述

e这个值在数学里非常的特殊，需要我们引起关注。对于e这个数字而言，其实我们可以给它进行一下近似的处理(当然不是十分准确的)。我们可以将e与阶乘结合起来，因为对于e，我们可以近似认为它是由1/1!，1/2!，1/3!，1/4!，…，1/n! 相加之后再加上1得到的。

现在请输入一个n，根据上述计算过程得到e的值。

输入

输入一行，该行包含一个整数n($2\leqslant n\leqslant 15$)，表示计算e时累加到1/n!。

输出

输出一行，该行包含计算出来的e的值，要求打印小数点后10位。

样例输入

```
10
```

样例输出

```
2.7182818011
```

提示

①e 要用 double 型表示。

②要输出浮点数、双精度数小数点后 10 位数字，可以用下面这种形式：

```
printf("%.10f", num)
```

【练习 6.3.9】 范围内的质数

题目描述

在判断质数的基础上，小可想再实现判断 0～M 内的质数，并且想用筛选法实现此过程，但是小可在写程序的过程中思路突然没有了，你能帮小可实现这个程序吗?

输入

输入一行，一个整数 M(M<100000)。

输出

输出若干行，每行一个数，表示 0～M 的质数。

样例输入

```
30
```

样例输出

```
2
3
5
7
11
13
17
19
23
29
```

【练习 6.3.10】 再论角谷猜想

题目描述

角谷猜想又称“冰雹猜想”，是指一个正整数 x，如果是奇数就乘以 3 再加 1，如果是偶数就除以 2，这样经过若干个次数，最终回到 1。无论这个过程中的数值如何庞大，就像瀑布一样迅速坠落。而其他的数字即使不是如此，在经过若干次的变换之后也必然会到纯偶数“16—8—4—2—1”的循环。据日本和美国数学家的攻关研究，小于 7×10^{11} 的所有正整数都符合这个规律。

现在小可想知道整个变化过程中会出现几个数字，例如输入的正整数 n=22，应该会输出如下的数字：

22 11 34 17 52 26 13 40 20 10 5 16 8 4 2 1

一共有 16 个数字。

现在小可想求一下 a 与 b 之间(包括 a 和 b)每个数字验证角谷猜想时出现最多数字的会是谁，请你帮助小可解决这个问题。

输入

输入一行，两个用空格隔开的正整数 a，b(a<b)。

输出

输出一行，一个数，表示 a 与 b 之间的最长数字长度。

样例输入

```
1 10
```

样例输出

```
20
```

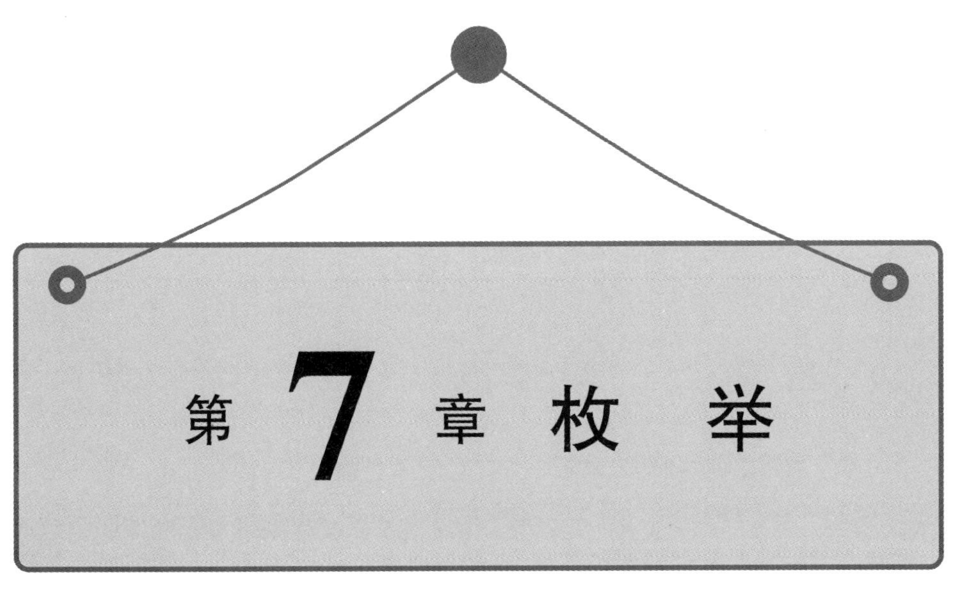

第7章 枚举

编程课堂

走，我们去上课吧！

好的！

小可

达达

在程序设计中，我们经常需要根据给定的一组条件求满足条件的解。如果问题的解可以用公式，或者按一定的规则、规律求出，那么就可以很容易地写出相应的程序。但是对于许多问题，我们难以找到明确的公式和计算规则，在这种情况下，我们可以利用计算机高速运算的特点，用穷举法来求解，即枚举法。

枚　举

在学习本节内容之前，我们先来做一个好玩的奥赛题。

□3×6528＝3□×8256

要求两个□中填入相同的数字(1～9)使等式成立。

在我们的奥赛中有一个简单的方法，那就是根据左边式子的个位数(3,8)的乘积(24)的个位数(4)，推断出右边式子缺的个位数为4，代入验证。答案为4。可是我们的计算机并没有那么的聪明，它只会一个数一个数(1～9)地去试，直到试完所有可能的解，然后通过筛选的条件(等式成立)给出结果，这个过程我们称之为“枚举”。

例题 7.1.1

编写一个程序，找出使等式3□×6528＝□3×8256成立的解，要求在两个□中填入相同的数字(1～9)。

参考答案：

```
#include<iostream>
using namespace std;
int main(){
    for(int i=1;i<=9;i++){
        if((i*10+3)*6528==(30+i)*8256){
            cout<<i<<endl;
        }
    }
    return 0;
}
```

通过例题，相信同学们对于枚举的内容有了一定的了解，下面让我们一起详细地学习枚举的相关内容吧。

枚举法，又称“穷举法”，指在一个有穷的可能的解的集合中，一一枚举出集合中的每一个元素，用题目给定的检验条件来判断该元素是否符合条件。若满足条件，则该元素即为问题的一个解；否则，该元素就不是该问题的解。

枚举法也是一种搜索算法，即对问题的所有可能解的状态集合进行一次扫描或遍历。在具体的程序实现过程中，可以通过循环和条件判断语句来完成。

枚举法常用于解决“是否存在”或“有多少种可能”等类型的问题。解决枚举类型的题目时，我们通常有三个步骤要弄清楚：

①枚举的对象。

②枚举对象的范围。

③枚举的筛选条件。

例题 7.1.2

编写一个程序，输入一个数存放到变量 a 中，判断 a 是否为质数。判断 a 是否为质数需要判断 a 的因子（除了 a 本身和 1 以外）是否存在，存在的话 a 就不是质数，输出“no”，否则输出“yes”。

样例输入

```
7
```

样例输出

```
yes
```

解析：本道题目需要解决是否存在的问题，所以我们采用了枚举法。枚举的对象为 a 的因子，枚举对象（a 的因子）的范围为 2～a－1，筛选条件：如果存在因数，则输出“no”。flag 在这道题中起到标记的作用，若找到因子，说明 a 不是质数，flag 从 0 变为 1，找不到 flag 还是 0。

参考答案：

```
#include<iostream>
usingnamespacestd;
int main(){
    int a,flag=0;
    cin>>a;
    for(int i=2;i<=a-1;i++){      //枚举所有 a 可能的因子
        if(a%i==0){
```

```
                cout<<"no";     //不是质数
                flag=1;
                break;
            }
        }
        if(flag==0){    //flag没有发生改变
            cout<<"yes";
        }
        return 0;
    }
```

接下来我们做一个复杂一点的奥数题。

例题 7.1.3

编写一个程序，找出使等式□＋□＝□成立的解。要求：□中分别填入 1～9，例如 1＋2＝3 就是一种组合。

解析：根据枚举思想，我们需要枚举每一位上所有可能的数，枚举对象为三个方框中的数（这里起名为 a1，a2，a3），每个枚举对象的范围均为 1～9，枚举的筛选条件为等式成立。三个枚举对象需要三个 for 循环，注意三个 for 循环为嵌套的关系（因为需要寻找每一个 a1，找到某一个 a1 后需要寻找每一个 a2，找到某一个 a2 和 a1 组合后要寻找每一个 a3），枚举出所有解的可能后，判断枚举出解的情况是否使等式成立，若成立输出解，不成立则继续枚举。

参考答案：

```
#include<iostream>
usingnamespacestd;
int main(){
    for(int a1=1;a1<=9;a1++){
        for(int a2=1;a2<=9;a2++){
            for(int a3=1;a3<=9;a3++){
                if(a1+a2==a3){
                    cout<<a1<<"+"<<a2<<"="<<a1+a2<<endl;
                }
            }
        }
```

```
    }
    return 0;
}
```

思考:如果要求整个式子中 1～9 只能使用一次(即 a1,a2,a3 互不相同),怎么办?

参考答案:

```
#include<iostream>
using namespacestd;
int main(){
    for(int a1=1;a1<=9;a1++){
        for(int a2=1;a2<=9;a2++){
            for(int a3=1;a3<=9;a3++){
                if(a1+a2==a3&&a1!=a2&&a1!=a3&&a2!=a3){
                    cout<<a1<<"+"<<a2<<"="<<a1+a2<<endl;
                }
            }
        }
    }
    return 0;
}
```

能算不举

我们已经学习了枚举的概念、适用的题目类型、解题步骤,接下来要学习一个做枚举题目很重要的思想:能算不举,即枚举对象能算出来的就不进行枚举了,这样将会减少程序的执行时间。

例题 7.1.4

设有下列的算式:

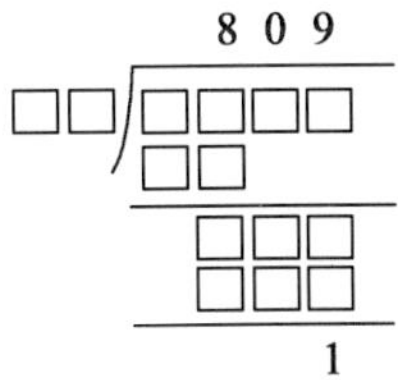

求出□中的数字,并打印出完整的算式来。

输入

无输入数据。

输出

输出共五行，每行对应图中算式从上到下、从左到右的一个数。

输出的第一行对应图中算式中左上角的那个未知的两位数。

输出的第二行对应图中的那个未知的四位数。

输出的第三行对应图中的另外一个未知的两位数。

输出的第四行对应图中的位置靠上的那个未知的三位数。

输出的第五行对应图中的位置靠下的那个未知的三位数。

解析：在这道题目中，我们不可能对 14 个格子中的数都进行枚举，关键在于找出适当的元素进行枚举。本题已给出了商和余数，只要再知道被除数或除数中的一个，就可确定整个算式。枚举除数的枚举量较小，所以我们选择枚举除数，而被除数与其他位置上的数则可按公式计算得出。本题的筛选条件不再是判断等式是否成立，而是应为每个位置上的数的范围是否满足等式中的要求。

参考答案：

```
#include<iostream>
using namespace std;
int main(){
    for(int i=10;i<=99;++i){
        int a=i*809+1;
        int b=8*i;
        int c=a-b*100;
        int d=9*i;
        if(a>=1000&&a<=9999&&b>=10&&b<=99
          &&c>=100&&c<=999&&d>=100&&d<=999){
            cout<<i<<endl;
            cout<<a<<endl;
            cout<<b<<endl;
            cout<<c<<endl;
            cout<<d<<endl;
        }
    }
    return 0;
}
```

学习笔记

学习内容:枚举、能算不举

枚举法常用于解决"是否存在"或"有多少种可能"等类型的问题。

解决枚举类型的题目时,我们通常有三个步骤要弄清楚:

①枚举的对象。

②枚举对象的范围。

③枚举的筛选条件。

注意理解"能算不举"思想。

动手练习

【练习 7.1.1】 古人买兔

题目描述

古代有个人拿 100 文钱去买兔,他已经打听好了集市上兔的种类与价钱,其中一只公兔 5 文钱,一只母兔 3 文钱,而 1 文钱可买 3 只小兔。家里给他的任务是刚好要买 100 只兔,刚好把 100 文钱花光,但古人不知道该买多少只公兔、母兔、小兔,这可把他难坏了,聪明的你能帮下他吗?

输入

无输入数据。

输出

若干行,每行三个数分别为公兔数量、母兔数量、小兔数量,表示一种可能的购买方案,按公兔数量从小到大排列。

小可的答案

分析:

枚举对象:公兔数量、母兔数量、小兔数量。

枚举对象的范围:公兔 0～20,母兔 0～33,小兔 0～100。

枚举的筛选条件:兔子只数为 100,花费 100 文钱,小兔数量是 3 的倍数。

能算不举:枚举出公兔与母兔的数量后,小兔的数量能计算出来,不需要枚举。

```
#include<iostream>
#include<cstdio>
using namespace std;
int main(){
    int Gong,Mu,Xiao;
    for(Gong=0;Gong<=20;Gong++) {
        for(Mu=0;Mu<=33;Mu++) {
            Xiao=100-Gong-Mu;
            if((5*Gong+3*Mu+Xiao/3==100)&&Xiao%3==0){
                printf("%d %d %d\n",Gong,Mu,Xiao);
            }
        }
    }
    return 0;
}
```

进阶练习

【练习 7.1.2】 余数问题

题目描述

小可爸爸想看看小可对于余数的知识是否掌握牢固,向小可提出了一个问题。已知三个正整数 x,y,z。现有一个大于 1 的整数 t,将其作为除数分别除 x,y,z,得到的余数相同。请问满足上述条件的 t 的最小值是多少?数据保证 t 有解。

输入

输入一行,三个不大于 1000000 的正整数 x,y,z,两个整数之间用一个空格隔开。

输出

输出一行,一个整数,即满足条件的 t 的最小值。

样例输入

```
300 262 205
```

样例输出

```
19
```

【练习 7.1.3】 袋鼠与麋鹿问题

题目描述

在动物园一区域里有许多袋鼠和麋鹿，现在知道袋鼠和麋鹿总的数量为 n，总腿数为 m。输入 n 和 m，请你计算出袋鼠和麋鹿的数目并依次输出袋鼠和麋鹿的数目，如果无解，则输出“No answer”(不要引号)。

输入

第一行输入一个数据 a，代表接下来共有几组数据。

在接下来的 a(a<10)行里，每行都有一个 n 和 m(0<m<100)。

输出

输出袋鼠和麋鹿各有多少只，或者“No answer”。

样例输入

```
2
14 32
10 16
```

样例输出

```
12 2
No answer
```

第8章 二维数组

编程课堂

走，我们去上课吧！

好的！

小可

达达

第 1 节 一维数组回顾

接下来我们要介绍的是一个全新的概念，在讲它之前，要先对前面讲过的一维数组进行一个简单的复习回顾，大家还记得它吗？

一维数组的定义及初始化

数组：由具有相同数据类型的固定数量的元素组成的结构。

例如：

“int a[10]”：定义了一个大小为10，能够存储10个整数的数组a(见图8-1-1)。

“double b[5]”：定义了一个大小为5，能够存储5个双精度浮点数的数组b。

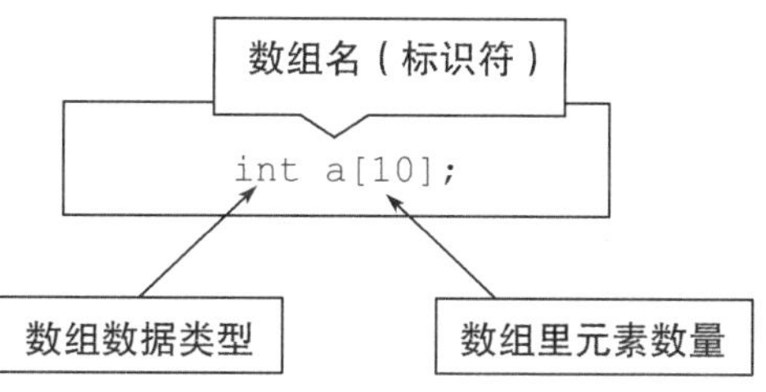

图 8-1-1

数组下标：数组定义出来之后，相当于一栋楼被盖起来了，那我们如何区分一栋楼中的各个小房子呢？在现实生活中，我们每家都有各自的门牌号，通过门牌号我们可以区分出各自的小房子。同样，数组中也有这样一个门牌号，也就是数组下标。

例如刚才定义的数组int a[10]，其中的10个变量就是下标从0～9的a[0]，a[1]，a[2]，a[3]，a[4]，a[5]，a[6]，a[7]，a[8]，a[9]。这里需要大家格外注意的是，数组的下标是从0开始的，因此一定要注意不要超过了你定义的数组大小哦！

数组的初始化分为三种形式。

①在定义一维数组时对全体数组元素指定初始值。

```
int a[5]={6,3,5,7,8};
```

②对数组的全体元素指定初值时，可以不指明数组的长度，系统会根据大括号内数据的个数确定数组的长度。

```
int a[]={1,3,5,7,9};
```

③对数组中部分元素指定初值时，不能省略数组长度。

```
int a[5]={1,3,5};
```

这种赋值方式会从前往后依次赋值，没能被赋值的元素自动赋值为 0。

一维数组元素的使用

我们可以使用循环来对数组元素进行输入或输出。如果对数组中存放的元素依次查看并进行相应操作，这种操作叫作“遍历”(遍历数组的时候不是遍历定义的整个数组，而是遍历我们输入的所有数据)。我们来看一个样例：

```
#include<iostream>
using namespace std;
int main() {
    int a[10];
    for(int i=0; i<10; i++) {
        cin>>a[i];
    }
    for(int i=0; i<10; i++) {
        cout<<a[i]<<" ";
    }
    return 0;
}
```

这里我们会发现，数组的下标是在规律变化的，而这个规律和循环结构的循环控制变量极其相似，因此，我们可以选择用循环控制变量来控制数组的下标，并且完成对数组的操作。

例题 8.1.1

已知一个数字序列，找出序列中大于 30 的数。

例如：10，15，5，42，6，98，31，11，72，57。

解析：这道题目要求我们找出一个已知序列中满足条件的数。因此这道题在对数组元素进行赋值的时候，直接用初始化的方式即可。在查找的时候遍历整个数组，通过选择结构语句筛选出数据满足条件的数即可。

参考答案：

```
#include<iostream>
using namespace std;
int main(){
    int i,a[10]={10,15,5,42,6,98,31,11,72,57};
    for(int i=0;i<10;i++){
        if(a[i]>30){
            cout<<a[i]<<endl;
        }
    }
    return 0;
}
```

学习内容:数组定义、数组下标、数组初始化、数组元素的使用、数组元素的查找

1. 数组定义

由具有相同数据类型的固定数量的元素组成的结构。

2. 数组下标

从 0 开始，到数组大小减 1 为止。

例如 int a[15];其中的数组元素从 a[0]到 a[14]。

3. 数组初始化

三种形式如下：

在定义一维数组时对全体数组元素指定初始值。

对数组的全体元素指定初值，可以不指明数组的长度，系统会根据大括号内数据的个数确定数组的长度。

对数组中部分元素指定初值，这里不能省略数组长度。这种赋值方式会从前往后依次赋值，没能被赋值的元素自动赋值为 0。

4. 数组元素的使用

可以使用循环来对数组元素进行输入或输出。

5. 数组元素的查找

借助遍历的循环，将所有数组内的元素和所查元素进行比较。

动手练习

【练习 8.1.1】

题目描述

从一组数中找一个特定的数,输出它第一次出现的位置。

输入

第一行包含一个正整数 n,表示序列中元素个数,1≤n≤10000。

第二行包含 n 个整数,依次给出序列的每个元素,相邻两个整数之间用单个空格隔开。元素的绝对值不超过 10000。

第三行包含一个整数 x,为需要查找的特定值。x 的绝对值不超过 10000。

输出

若序列中存在 x,输出 x 第一次出现的下标,否则输出"-1"。

样例输入

```
5
2 3 6 7 3
3
```

样例输出

```
2
```

小可的答案

```
#include<iostream>
using namespace std;
int main(){
    int n,x,a[10005];
    cin>>n;
    for(int i=1;i<=n;i++){
        cin>>a[i];
    }
    cin>>x;
    for(int i=1;i<=n;i++){
        if(a[i]==x){
```

```
                cout<<i;
                return 0;
            }
        }
    cout<<-1;
    return 0;
}
```

第 2 节 二维数组的定义与用法

期中考试结束了，小可的老师想要记录一下班级同学的分数。小可一共考了四门课程：语文、数学、英语、编程，每一门成绩都是一个整数，现在我们知道，如果要存储小可的成绩，可以选择定义一个大小为 4 的数组来存放这四门课的成绩，但现在的问题是，小可的班级有 50 个人，那这么多成绩要怎么存储呢？这可难坏了小可的老师，你可以帮她想一个办法吗？

二维数组的定义

在初学变量时，我们说变量就是一间小房子，后来发现定义变量并不能满足部分题目的数据存储要求，再后来我们接触了新的概念——数组。一维数组就像是一栋楼，楼上有很多的小房子，而区分它们的方法是使用它们的门牌号，也就是数组的下标。

今天，我们发现，数组竟然也会出现不够用的情况。小可一个人的成绩我们可以选择用一个大小为 4 的数组来存储，但是如果人数变为 50，那这个大小为 4 的一维数组显然不够用了。

有的同学会想，那我们不妨定义一个大一点的一维数组，比如 int a[300]，那么该数组一定能把这些人的成绩存好。首先，这个大小为 300 的数组确实可以把 50 个人的成绩存好，但是会产生一个问题，那就是不好区分，容易混乱。

另一种方法是多定义几个一维数组，每一个一维数组用来存一个人的成绩，因此可以定义 50 个一维数组来存储这 50 个人的成绩，这种方法无疑可以解决数据不好区分的问题，但是又出现了另一个问题，就是我们要如何定义这 50 个一维数组呢？直接定义无疑是十分麻烦的，因此，我们今天要了解的是另外一种存储结构——二维数组。

我们把一维数组比作一栋楼，那么二维数组就是一整个小区，在这个小区中有许多的楼，而区分这些楼需要参考它们的楼号，因此，二维数组有两个下标，第一个下标表示楼号，第二个下标表示门牌号。相对应地，由于每一个一维数组里可以存放多个数据，一个一维数组会占一行，因此，二维数组可以看作一个有行列之分的表格，每一行代表一个一维数组，两个下标也就划分为行下标和列下标。其中，行下标处表示当前二维数组中能够存储一维数组的个数，列下标处表示每个一维数组的长度。

与一维数组定义方法类似，二维数组定义的一般格式为：

类型名　数组名[常量表达式 1][常量表达式 2];

通常，二维数组中的第一维表示行下标，第二维表示列下标。

行下标和列下标都是从 0 开始的。例如“int a[4][6]”，相当于定义了一个二维表格，每个格子对应于一个整型变量，其中二维数组每个元素的下标变化如表 8-2-1 所示。

表 8-2-1

a[0][0]	a[0][1]	a[0][2]	a[0][3]	a[0][4]	a[0][5]
a[1][0]	a[1][1]	a[1][2]	a[1][3]	a[1][4]	a[1][5]
a[2][0]	a[2][1]	a[2][2]	a[2][3]	a[2][4]	a[2][5]
a[3][0]	a[3][1]	a[3][2]	a[3][3]	a[3][4]	a[3][5]

在二维数组中 a[0],a[1]这样只包含一个下标的元素代表的是二维数组中存储的一维数组的数组名，而 a[0][0]这样既有行下标又有列下标的元素是二维数组的元素。a[0][0]是第一个一维数组的第一个位置的元素。

 二维数组的使用

1. 二维数组的初始化

二维数组的初始化与一维数组类似。对于一维数组，初始化可以写成“int a[5]={0,1,2,3,4};”，是按照顺序对数组 a 进行赋值。

二维数组的初始化方式是“int a[3][4]={1,2,3,4,5};”。二维数组的初始化顺序默认行优先，先将一行填满再填下一行，因此最终结果如图 8-2-1 所示。

1	2	3	4
5	0	0	0
0	0	0	0

图 8-2-1

思考：大家可以看下面两种赋值语句，想一下其赋值结果(见图 8-2-2 和图 8-2-3)是什么样子的，为什么是这个样子的？

```
int a[3][4]={0};
```

0	0	0	0
0	0	0	0
0	0	0	0

图 8-2-2

```
int a[3][4]={1};
```

1	0	0	0
0	0	0	0
0	0	0	0

图 8-2-3

这里需要大家注意的是,初始化的过程是按照行优先进行赋值的。若是二维数组的部分元素没有赋初值,则会自动赋初值为 0。

2. 二维数组的输入

接下来我们来了解下,如何通过输入的方式完成对二维数组的赋值。

相信大家对一维数组的输入已经掌握得很好了。一维数组的输入是通过循环进行循环输入,循环控制变量控制数组的下标,而在二维数组中有很多个一维数组要进行输入,因此一个循环显然并不能满足我们的需求,对于二维数组的输入需要用到嵌套循环。

①按行优先:如果输入方式是按行优先,则我们要做的是先把一行填满再填下一行,而嵌套循环的特性是外层循环变化慢、内层循环变化快,显然行优先是列变化得快,所以嵌套循环外层控制行、内层控制列。

输入 n 行 m 列的数据(n,m 均小于 100),示例代码如下:

```
#include<iostream>
using namespace std;
int main() {
    int n,m,a[105][105];
    cin>>n>>m;
    for(int i=1;i<=n;i++) {      //行变化
        for(int j=1;j<=m;j++) {      //列变化
            cin>>a[i][j];      //按行输入
        }
    }
    return 0;
}
```

②按列优先：如果输入方式是按列优先，则我们要做的是先把一列填满再填下一列，而嵌套循环的特性是外层循环变化慢、内层循环变化快，显然列优先是行变化得快，所以嵌套循环外层控制列、内层控制行。

输入 n 行 m 列的数据（n，m 均小于 100），示例代码如下：

```
#include<iostream>
using namespace std;
int main() {
    int n,m,a[105][105];
    cin>>n>>m;
    for(int i=1;i<=m;i++) {     //列变化
        for(int j=1;j<=n;j++) {     //行变化
            cin>>a[i][j];     //按列输入
        }
    }
    return 0;
}
```

3. 二维数组的输出

对二维数组的输出其实就是按照输入的方式进行输出，但是这里需要注意输出时的格式是否正确。我们要在内循环中让输出的每个元素之间以空格间隔，因为同一行的元素要用空格间隔区分，并且在内循环结束后，进入下一次外循环前，需要进行换行，来区分二维数组中的两行。

```
for(int i=1;i<=n;i++){     //控制行数
    for(int j=1;j<=m;j++){     //控制列数
        cout<<a[i][j]<<" ";
    }
    cout<<endl;
}
```

例题 8.2.1

输入两个整数 n,m,输出一个 n 行 m 列的二维矩阵,矩阵中的元素用 1～n×m 顺序填充。

解析:该题我们需要对二维数组进行赋值代替输入,而赋值的方式和二维数组按行优先的顺序输入是一样的,只不过在其中借助一个变量进行赋值即可,再对赋值好的二维数组进行输出即可。

参考答案:

```
#include<iostream>
using namespace std;
int main(){
    int n,m,x=1,a[15][15];
    cin>>n>>m;
    for(int i=1;i<=n;i++){
        for(int j=1;j<=m;j++){
            a[i][j]=x;
            x++;
        }
    }
    for(int i=1;i<=n;i++){
        for(int j=1;j<=m;j++){
            cout<<a[i][j]<<" ";
        }
        cout<<endl;
    }
    return 0;
}
```

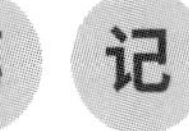

学习笔记

学习内容:二维数组的定义、二维数组的初始化、二维数组的输入、二维数组的输出

1. **二维数组的定义**

类型名　数组名[常量表达式 1][常量表达式 2];

通常二维数组中的第一维表示行下标,第二维表示列下标。

2. **二维数组的初始化**

按行优先赋值,未赋值的部分默认赋值为 0。

3. **二维数组的输入**

分为按行优先和按列优先。

按行优先的用嵌套循环,外层控制行,内层控制列。

按列优先的用嵌套循环,外层控制列,内层控制行。

4. **二维数组的输出**

使用嵌套循环结构,里面进行 cout 输出,但是需要注意格式问题,内层输出一个元素输出一个空格,内循环结束,进入下一轮外循环之前要先输出换行。

动手练习

【练习 8.2.1】　同行同列的元素

题目描述

输入三个自然数 n,x,y (1≤x≤n,1≤y≤n),输出在一个 n×n 格的数组中(行列均从 1 开始编号),与 x 同行、与 y 同列所有元素的位置上的数。

当假设数组为 a[n][n],n=4,x=2,y=3 时,输出的结果是:

a[2,1] a[2,2] a[2,3] a[2,4] 同一行上元素的位置的数。

a[1,3] a[2,3] a[3,3] a[4,3] 同一列上元素的位置的数。

输入

n+1 行,三个自然数 n,x,y,相邻两个数之间用单个空格隔开。1≤n≤10。然后输入所有元素。

输出

第一行,从左到右输出同一行元素,相邻两个元素之间用单个空格隔开。

第二行,从上到下输出同一列元素,相邻两个元素之间用单个空格隔开。

样例输入

```
4 2 3
1 2 3 4
5 6 7 8
9 10 11 12
13 14 15 16
```

样例输出

```
5 6 7 8
3 7 11 15
```

小可的答案

分析：

首先输入 n,x,y 的数据，之后进行 n 行 n 列的二维数组的输入，输出第 x 行和第 y 列上的元素，这里两部分元素都各自固定了一个位置，因此只需要用一个循环，把其对应的行或者列上的 n 个元素输出即可。

```
#include<iostream>
using namespace std;
int main(){
    int n,x,y,a[15][15];
    cin>>n>>x>>y;
    for(int i=1;i<=n;i++){
        for(int j=1;j<=n;j++){
            cin>>a[i][j];
        }
    }
    for(int i=1;i<=n;i++){
        cout<<a[x][i]<<" ";
    }
    cout<<endl;
    for(int i=1;i<=n;i++){
        cout<<a[i][y]<<" ";
    }
    return 0;
}
```

关注“小可学编程”微信公众号，获取答案解析和更多编程练习。

进阶练习

【练习 8.2.2】 二维数组的输出

题目描述

输入两个整数 n,m,输出一个 n 行 m 列的二维矩阵,矩阵中的元素按列用 1～n×m 顺序填充。

输入

两个整数 n,m(n≤10,m≤10)。

输出

输出 n 行 m 列的矩阵,元素之间用一个空格隔开。

样例输入

```
5 5
```

样例输出

```
1 6 11 16 21
2 7 12 17 22
3 8 13 18 23
4 9 14 19 24
5 10 15 20 25
```

【练习 8.2.3】 电影包场

题目描述

看电影偶尔会出现包场的情况。在这个时候,经理想知道的不是电影院的所有座位分布,而是有人的位置信息。设电影院中有 n 行 m 列共 n×m 个座位,现在用数字 0 表示某位置无人,非 0 代表该位置的订单编号,需要你帮忙汇总一份新的座位情况表给经理。假设电影院 k 个位置有人,则我们需要一个 k×3 的表格记录,其中第一列是行号,第二列是列号,第三列是该位置的订单编号。

如:

```
0 0 0 5        简记成:1 4 5     //第一行第四列有个数是 5
0 2 0 0               2 2 2     //第二行第二列有个数是 2
0 1 0 0               3 2 1     //第三行第二列有个数是 1
```

座位情况表的第一个元素(代表行数)从小到大输出。

编程输入电影院的所有座位信息,转换成信息更紧凑的表格形式,并输出。

输入

第一行输入座位的行数 n 和列数 m(n 和 m 都不大于 50)。

接下来有 n 行，每行 m 个数，代表每个位置的情况。

输出

不定行数(不超过 100 行)，每行 3 个数，用空格隔开。

样例输入

```
3 5
0 0 0 0 5
0 0 4 0 0
1 0 0 0 1
```

样例输出

```
1 5 5
2 3 4
3 1 1
3 5 1
```

第 3 节 矩阵相关操作

前边我们已经学习了二维数组，二维数组的使用经常与数学上的矩阵相结合，接下来让我们一起来学习矩阵的含义以及矩阵的运算。

 矩阵的定义

在数学中，矩阵是一个按照长方阵列排列的数字集合，最早来自方程组的系数及常数所构成的方阵。在编程中，矩阵的样子跟二维数组一致，所以我们使用二维数组来存储矩阵，例如 m 行 n 列的整数矩阵可以定义为 m 行 n 列的二维数组。

矩阵的一般形式如图 8-3-1 所示。

$$\begin{bmatrix} a11 & a12 & a13 & a14 \\ a21 & a22 & a23 & a24 \\ a31 & a32 & a33 & a34 \end{bmatrix}$$

图 8-3-1

可以看到，矩阵的行列下标均是从 1 开始的，所以为了下标对应，可以在定义二维数组的时候多定义几个空间，例如可以定义“`int a[10][10]`”，而二维数组的第一行与第一列的空间不用，如图 8-3-2 所示。

(0,0)	(0,1)	(0,2)	(0,3)	(0,4)	(0,5)	(0,6)	(0,7)	(0,8)	(0,9)
(1,0)	(1,1)	(1,2)	(1,3)	(1,4)					
(2,0)	(2,1)	(2,2)	(2,3)	(2,4)					
(3,0)	(3,1)	(3,2)	(3,3)	(3,4)					
(4,0)									
(5,0)									
(6,0)									
(7,0)									
(8,0)									
(9,0)									

图 8-3-2

程序实现如下：

```
for(int i=1;i<=3;i++){
    for(int j=1;j<=4;j++){
        cin>>a[i][j];
    }
}
```

如果一个矩阵中的行数与列数相同,那么这是一个方阵。

例题 8.3.1

输入一个 4×4 的方阵,输出方阵主对角线的和(见图 8-3-3)。

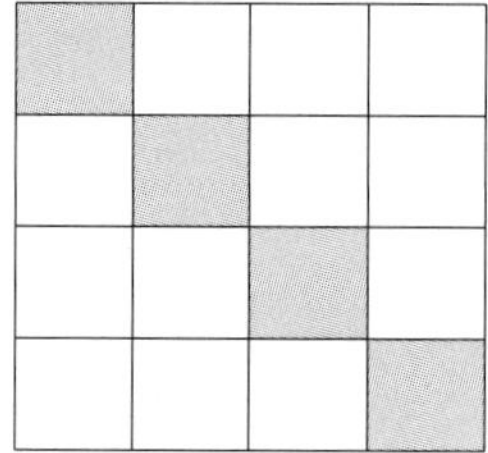

图 8-3-3

解析:哪些元素是在主对角线上?

所谓“方阵主对角线元素”,就是从左上角到右下角的元素,即元素的行数与列数相等。

第一步:有足够大的空间。

第二步:输入方阵的情况(所有值)。

第三步:找到主对角线上的所有值,求和。

第四步:输出和。

注意:必须要经过两层循环,才能找到所有值的位置。

参考答案:

```
#include<iostream>
using namespace std;
int main(){
    int sum=0,a[5][5];
    for(int i=1;i<=4;i++){
        for(int j=1;j<=4;j++){
            cin>>a[i][j];
```

```
            if(i==j) {
                sum=sum+a[i][j];
            }
        }
    }
    cout<<sum;
    return 0;
}
```

例题 8.3.2

输入一个 4×4 的方阵,输出矩阵边缘元素的和(见图 8-3-4)。

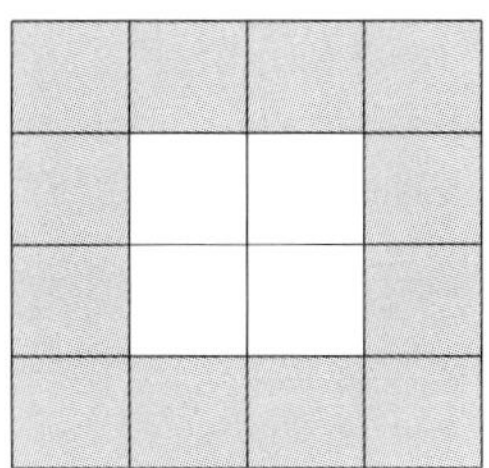

图 8-3-4

解析:哪些元素在边缘上?

所谓"矩阵边缘元素",就是第一行和最后一行的元素以及第一列和最后一列的元素。

第一行对应元素为 a[1][?](见图 8-3-5)。

a[1][1]	a[1][2]	a[1][3]	a[1][4]

图 8-3-5

最后一行对应元素应为 a[4][?](见图 8-3-6)。

a[4][1]	a[4][2]	a[4][3]	a[4][4]

图 8-3-6

第一列对应元素应为 a[?][1](见图 8-3-7)。

a[1][1]			
a[2][1]			
a[3][1]			
a[4][1]			

图 8-3-7

最后一列对应元素应为 a[?][4](见图 8-3-8)。

			a[1][4]
			a[2][4]
			a[3][4]
			a[4][4]

图 8-3-8

矩阵的加减法

对两个同型矩阵进行相加或者相减，就是对两个矩阵的相同位置进行操作，将相同位置的元素相加(减)，得到新矩阵的元素(见图 8-3-9)。

1	2	3	4
5	6	3	2
7	9	6	8

＋

3	4	1	3
7	3	8	4
5	1	2	3

＝

1+3	2+4	3+1	4+3
5+7	6+3	3+8	2+4
7+5	9+1	6+2	8+3

图 8-3-9

例如，两个 n 行 m 列的矩阵存储在 a，b 两个数组中，相加(减)结果存储在数组 c 中，代码实现如下：

```
for(int i=1;i<=n;i++){
    for(int j=1;j<=m;j++){
        c[i][j]=a[i][j]+b[i][j];
    }
}
```

```
for(int i=1;i<=n;i++){
    for(int j=1;j<=m;j++){
        c[i][j]=a[i][j]-b[i][j];
    }
}
```

矩阵的数乘

矩阵的数乘是指一个数乘以一个矩阵，只要把这个数乘到矩阵的每一个位置上的元素即可得到一个新矩阵(见图 8-3-10)。

3	4	1	3
7	3	8	4
5	1	2	3

5×3	5×4	5×1	5×3
5×7	5×3	5×8	5×4
5×5	5×1	5×2	5×3

图 8-3-10

例如，一个 n 行 m 列的矩阵存储在 a 数组中，将其乘 5，结果存储在数组 c 中，代码实现如下：

```
for(int i=1;i<=n;i++){
    for(int j=1;j<=m;j++){
        c[i][j]=a[i][j] * 5;
    }
}
```

矩阵的转置

把矩阵 A 的行换成同数的列所得到的新矩阵称为 A 的“转置矩阵”，就是将矩阵的第一行变成转置矩阵的第一列，第二行成转置矩阵的第二列，直到最后。在进行代码实现的时候，要注意转置时行列的变换(见图 8-3-11)。

3	4	1	3
7	3	8	4
5	1	2	3

3	7	5
4	3	1
1	8	2
3	4	3

图 8-3-11

 矩阵的乘法

两个矩阵的乘法仅当第一个矩阵 A 的列数和第二个矩阵 B 的行数相等时才能定义。如 A 是 m×n 矩阵，B 是 n×p 矩阵，它们的乘积 C 是一个 m×p 的矩阵（见图 8-3-12）。矩阵 C 的任意一个元素值为：$c_{i,j}=a_{i,1}b_{1,j}+a_{i,2}b_{2,j}+\cdots+a_{i,n}b_{n,j}$。

1	1
2	2
3	3
4	4
5	5

×

1	1	1
2	2	2

=

3	3	3
6	6	6
9	9	9
12	12	12
15	15	15

图 8-3-12

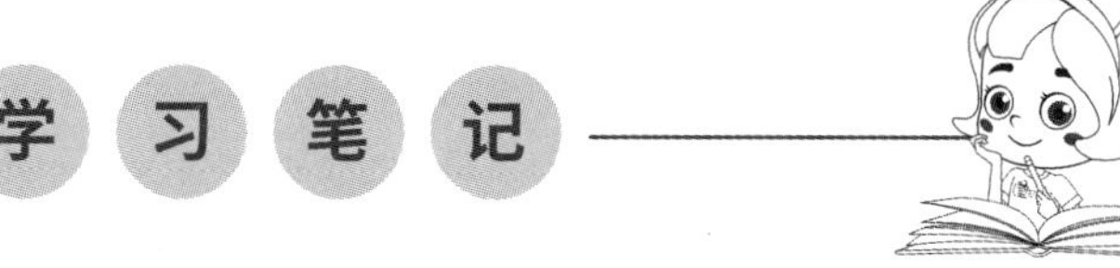

学习内容：矩阵相关操作

①矩阵是一堆有行列之分的数字，可以借助二维数组来存储，其中行数与列数相等的矩阵叫“方阵”。

②矩阵的加减法就是将相同位置的元素相加(减)得到新矩阵的元素。

③矩阵的数乘是指一个数乘以一个矩阵，只要把这个数乘到矩阵的每一个位置上的元素即可得到一个新矩阵。

④矩阵的乘法仅当第一个矩阵 A 的列数和第二个矩阵 B 的行数相等时才能定义。如 A 是 m×n 矩阵，B 是 n×p 矩阵，它们的乘积 C 是一个 m×p 的矩阵。

 动手练习

【练习 8.3.1】 矩阵斜线和

题目描述

输出一个矩阵从左上方到右下方斜线上的元素之和。

输入

第一行分别为矩阵的行数和列数 n(n<100)。

接下来输入的 n 行数据中，每行包含 n 个整数，整数之间以一个空格分开。

输出

输出对应矩阵的左上方到右下方斜线上的元素之和。

样例输入

```
3
3 4 1
3 7 1
2 0 1
```

样例输出

```
11
```

小可的答案

分析：

本题是在例题的基础上，将固定大小的二维数组变为需要输入的二维数组大小。

```
#include<iostream>
using namespace std;
int main(){
    int n,sum=0,a[101][101];
    cin>>n;
    for(int i=1;i<=n;i++){
        for(int j=1;j<=n;j++){
            cin>>a[i][j];
            if(i==j) {
                sum=sum+a[i][j];
            }
        }
    }
    cout<<sum;
    return 0;
}
```

关注“小可学编程”微信公众号，获取答案解析和更多编程练习。

【练习 8.3.2】 计算矩阵最外层元素的和

题目描述

输入一个整数矩阵，计算矩阵最外层四条边（即第一行、最后一行、第一列、最后一列）上所有元素的和。

输入

第一行分别为矩阵的行数 m(m<100)和列数 n(n<100),两者之间以一个空格分开。

接下来输入的 m 行数据中,每行包含 n 个整数,整数之间以一个空格分开。

输出

输出对应矩阵的边缘元素和。

样例输入

```
3 3
3 4 1
3 7 1
2 0 1
```

样例输出

```
15
```

小可的答案

分析:

通过例题的分析可知,边缘元素包括四条边上的,只要满足其中一个就可以判断元素是否在矩阵的边缘,所以可以用逻辑或运算符连接。

```
#include<iostream>
using namespace std;
int main(){
    int m,n,a[100][100],sum=0;
    cin>>m>>n;
    for(int i=1;i<=m;i++){
        for(int j=1;j<=n;j++){
            cin>>a[i][j];
            if(i==1||i==m||j==1||j==n){
                sum=sum+a[i][j];
            }
        }
    }
    cout<<sum;
    return 0;
}
```

关注“小可学编程”微信公众号,
获取答案解析和更多编程练习。

【练习 8.3.3】 矩阵相加计算

题目描述

请输出两个大小相同的矩阵相加的结果。

输入

第一行包含两个整数 n 和 m，表示矩阵的行数和列数(1≤n≤100，1≤m≤100)。

接下来 n 行，每行 m 个整数，表示矩阵 A 的元素。

接下来 n 行，每行 m 个整数，表示矩阵 B 的元素。

相邻两个整数之间用单个空格隔开，每个元素均在 1～1000 之间。

输出

n 行，每行 m 个整数，表示矩阵加法的结果。相邻两个整数之间用单个空格隔开。

样例输入

```
3 3
1 2 3
1 2 3
1 2 3
1 2 3
4 5 6
7 8 9
```

样例输出

```
2 4 6
5 7 9
8 10 12
```

小可的答案

分析：

需要先将两个矩阵分别输入，再进行对应位置的元素相加得到结果矩阵。

```
#include<iostream>
using namespace std;
int main(){
    int n,m,a[101][101],b[101][101];
    cin>>n>>m;
```

```
    for(int i=1;i<=n;i++){
        for(int j=1;j<=m;j++){
            cin>>a[i][j];
        }
    }
    for(int i=1;i<=n;i++){
        for(int j=1;j<=m;j++){
            cin>>b[i][j];
        }
    }
    for(int i=1;i<=n;i++){
        for(int j=1;j<=m;j++){
            cout<<a[i][j]+ b[i][j]<<" ";
        }
        cout<<endl;
    }
    return 0;
}
```

关注"小可学编程"微信公众号，获取答案解析和更多编程练习。

进阶练习

【练习 8.3.4】 比较相似性

题目描述

最近学校组织查体，在测试是否有弱视的时候，小可发现进行测试的图片非常有意思，想去求一下它们的相似度。

为了简化计算的难度，小可将两张图像看成相同大小的黑白图像(用 0～1 矩阵来进行表示)，求一下这两张图片的相似度。

说明：若两张图片在相同位置上的颜色相同，则认为它们在该位置具有相同的像素点。两张测量视力的图片的相似度定义为相同像素点数占总像素点数的百分比。

输入

第一行包含两个整数 m 和 n，表示图像的行数和列数，中间用单个空格隔开。$1 \leqslant m \leqslant 100$，$1 \leqslant n \leqslant 100$。

之后 m 行，每行 n 个整数 0 或 1，表示第一张图上每个点的颜色。相邻两个数之间用单个空格隔开。

再之后 m 行，每行 n 个整数 0 或 1，表示第二张图上每个点的颜色。相邻两个数之间用单个空格隔开。

输出

一个数，表示相似度（以百分比的形式给出），精确到小数点后两位。

样例输入

```
3 3
1 0 1
0 0 1
1 1 0
1 1 0
0 0 1
0 0 1
```

样例输出

```
44.44
```

第9章 排序

编程课堂

走，我们去上课吧！

好的！

小可

达达

第 1 节 选择排序

同学们一定都遇到过这种问题，如果现在给大家一些无顺序的数，想要大家把这些数排好顺序，那么我们应该怎么做呢？到目前为止，大家应该都能够将两个数按照其大小顺序排序，那如果现在数据的个数变多了，我们又该如何去做呢？为了解决这些问题，接下来我们要学习一些新的算法，如排序算法。

排序的过程

首先我们先来看一下三个数的排序。如果要对三个数按照从小到大的顺序进行排序，那么我们需要怎么做呢？

A:4	B:2	C:3

首先我们要确保 A 中是最小的数，而让 A 中的数最小的方法就是让 A 和另外的两个数进行比较，确定一个最小的数放到 A 的小方块中。

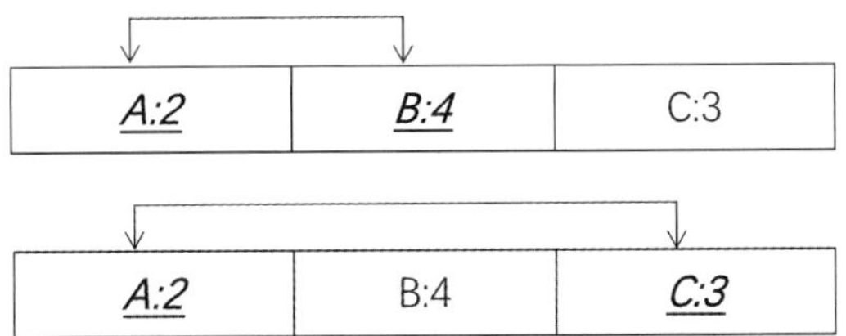

通过这两次比较，最终我们能够确定 A 中放的数一定是最小的数，但是我们的整个数列还没有排好顺序，我们还没有确定 B 和 C 已经在它们应该在的位置上了，因此我们还需要再进行一次比较，以确保 B 中是第二小的数。

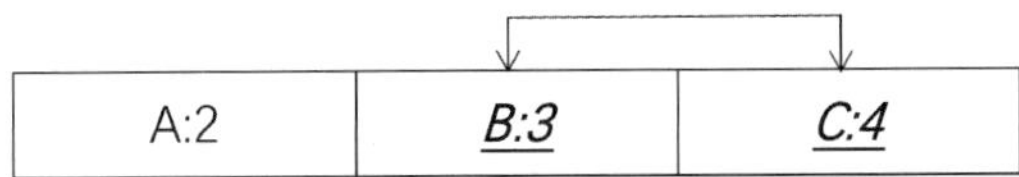

进行完这一步操作之后我们发现整个数列已经排好了顺序。这里我们发现，我们并没有对最后的 C 进行相关操作，那么为什么数列已经排好顺序了呢？这是因为，我们已经确定好了三个数中两个数的位置，那么第三个数的位置就一定被固定好了！这其实就是我们选择排序的一个雏形。

打擂台的排序

在很多情况下，我们要排序的数列里面可能会有很多的数，这种时候我们会选择用数组来存储这些数。那对于数组中的这些数，我们是如何进行排序操作的呢？

9	7	2	5	4	1
a[0]	a[1]	a[2]	a[3]	a[4]	a[5]

首先为了确立 a[0]中是最小的数，我们需要用 a[0]和其他所有的数组元素进行比较并且获取最小的数，这个过程的实现如下所示：

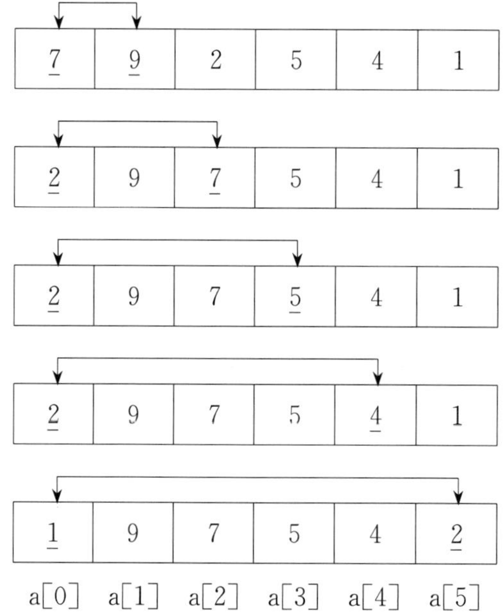

这就是选择排序中的第一轮排序，我们可以在其中发现一些规律，那就是发生比较的数永远是数组中的第一个数和其后面的数，因此会发现这个过程和现实生活中的一个活动很相似，那就是擂台赛。

擂台赛每一轮比赛会有一个擂主站在擂台上等待其他的选手来发起挑战，这个时候会有一些攻擂者来攻擂，和擂主一较高下，最终胜利者留在擂台上。

我们选择排序的每一轮都相当于这样一个擂台赛，首先当前轮的擂主毫无疑问是 a[0]，之后来和他打擂的人依次是 a[1]，a[2]，a[3]，a[4]，a[5]，最终这一轮擂台赛结束后，a[0]中的数就是那个最值，也是擂台赛的赢家。

接下来我们用一段代码来实现下这个过程。由于在进行擂台赛的时候，攻擂选手的下标是发生变化的(1～5)，因此这个过程我们应该用一个循环来实现。

```
#include<iostream>
using namespace std;
int main(){
    int a[6]={9,7,2,5,4,1};
    for(int i=1;i<6;i++){     //打擂台的人从 a[1]开始
        if(a[i]<a[0])     //若当前的打擂者比擂主更适合条件
        {
            int t=a[i];     //交换擂主和打擂者中所存值
            a[i]=a[0];
            a[0]=t;
        }
        return 0;
    }
```

好了,到这一步结束时我们的第一轮擂台赛也结束了,并且能够得到一个第一名放在a[0]中,但对于这个数组来说,并没有排好顺序,因此还需要继续来进行下一轮擂台赛。

1	9	7	5	4	2
a[0]	a[1]	a[2]	a[3]	a[4]	a[5]

首先,我们需要考虑的问题是 a[0]还需要再参与本轮擂台赛吗?答案是否定的,因为a[0]作为上一轮的擂主,已经确定好了一个数是最值,该数不需要在和其他的数再进行比较,因此本轮的守擂者变为 a[1]。

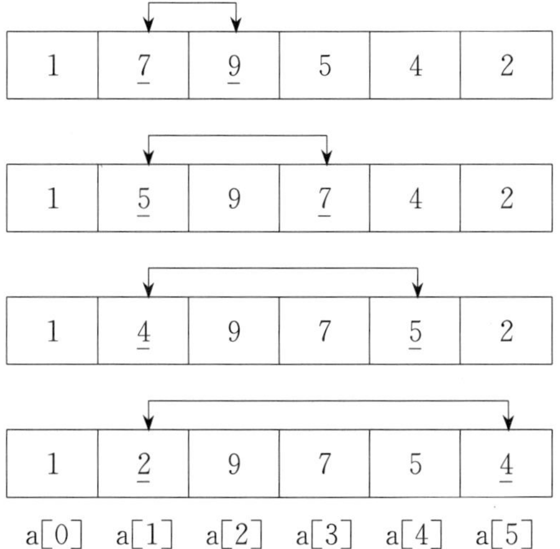

第二轮擂台赛到此为止，这里我们发现大体的部分和第一轮擂台赛是一致的。发生变化的有两个地方：一个是擂主不再是 a[0]，现在变成了 a[1]，另一个是来打擂台的攻擂者起始是 a[2]，不再是 a[1]了。我们来看一下它的代码变化。

```
for(int i=2;i<6;i++){      //打擂台的人从 a[2]开始
    if(a[i]<a[1])      //和打擂者比较的守擂者是 a[1]
    {
        int t=a[i];      //交换擂主和打擂者中所存值
        a[i]=a[1];
        a[1]=t;
    }
}
```

经过第二轮擂台赛，我们已经可以发现一个规律，每一轮擂台赛的守擂者均不同，且会向后顺延，这是因为每一轮会确定一个最值的数，这样就导致了另一个问题，如果数组中有 6 个数，那其实它一共只进行了五轮擂台赛，因为五轮结束会确定 5 个数的位置，那么第六个数就会被自动地确定好它的位置。

每一轮擂台赛进行的过程要用一个循环进行书写，多轮擂台赛则需要用一个嵌套循环来完成。现在，我们需要考虑的就是嵌套循环的内层和外层循环分别来做什么。对于选择排序来说，有两个地方需要我们来进行考虑：一个是擂主的变化，一个是打擂的过程。

对于每一次变化，擂主都要完成一整轮的擂台赛，因此我们发现，打擂的过程明显是比擂主的更换要更频繁的，因此，嵌套循环的外循环控制擂主变化，而内循环控制攻擂者变化。

接下来我们需要注意，对于 n 个数来说，如果我们从数组下标 0 开始，最后一个数的下标是 n－1，那么能够有机会作为擂主的都有哪些数呢？每一轮擂台赛会确定一个数的最终位置，因此等下标为 n－2 的元素作为擂主的擂台赛结束之后，整个数列其实已经排好顺序了，因此，下标为 n－1 的元素不再需要守擂。

那对于每一个擂主 a[i]而言，来和它打擂台的都有哪些数呢？首先位于 a[i]前面的所有数组元素一定是已经确定好位置的数，因此来和它打擂的是在它向后的所有数！

接下来我们就尝试着完成这个代码。

```
for(int i=0;i<=n-2;i++){      //擂主 i 从 0~ n- 2
    for(int j=i+1;j<=n-1;j++){      //打擂者 j 从 i+ 1~ n- 1
        if(a[i]>a[j])      //a[i]和 a[j]打擂台
        {
            t=a[i];
            a[i]=a[j];
            a[j]=t;
        }
    }
}
```

注

这里有个小技巧，如果比较顺序从小到大，则 a[i]>a[j]；若比较顺序从大到小，则 a[i]<a[j]。

例题 9.1.1

巅峰小学举行 1 分钟跳绳比赛，n 人一组。试编一程序，输入小组内同学的跳绳次数，按次数由多到少的顺序输出。

参考答案：

```
#include<iostream>
using namespace std;
int main(){
    int n,t,a[105];
    cin>>n;
    for(int i=0;i<n;i++){
        cin>>a[i];
    }
    for(int i=0;i<=n-2;i++){
        for(int j=i+1;j<=n-1;j++){
            if(a[i]<a[j]){
                t=a[j];
                a[j]=a[i];
                a[i]= t;
```

```
                }
            }
        }
        for(int i= 0;i<n;i+ + ){
            cout<<a[i]<<" ";
        }
        return 0;
}
```

学 习 笔 记

学习内容:选择排序

选择排序:擂台赛,每一轮用数组的当前未排好顺序的第一个数和数组其他数进行比较,每一轮确定一个数的最终位置,n 个数进行 n－1 轮比较,外循环控制擂主变化,内循环控制当前擂主的攻擂人。

```
for(int i=0;i<=n-2;i++){      //擂主 i 从 0~ n- 2
    for(int j=i+1;j<=n-1;j++){     //打擂者 j 从 i+ 1~ n- 1
        if(a[i]<a[j])     //a[i]和 a[j]打擂台
        {
            t=a[i];
            a[i]=a[j];
            a[j]=t;
        }
    }
}
```

动手练习

【练习 9.1.1】 小可的选择排序

题目描述

小可学习了选择排序的内容后,立马想写个程序实现 M 个数的排序,并且从小到大进行输出数据,请你也写出一个选择排序的程序实现此功能。

输入

第一行，一个整数 M，表示后面有多少待排序的数字，M≤1000。

第二行，M 个整数，表示待排序的各个数字。

输出

输出一行，M 个整数，表示排序后的数字，中间以空格隔开。

样例输入

```
8
49 38 65 97 76 13 27 49
```

样例输出

```
13 27 38 49 49 65 76 97
```

小可的答案

```
#include<iostream>
using namespace std;
int main( ) {
    int a[1001],m,i,j;
    cin>>m;
    for(i=0;i<m;i++){
        cin>>a[i];
    }
    for(i=0;i<m-1;i++){
        for(j=i+1;j<m;j++){
            if(a[i]>a[j]){
                int t=a[i];
                a[i]=a[j];
                a[j]=t;
            }
        }
    }
    for (i=0;i<m;i++)
    cout<<a[i]<<" ";
    return 0;
}
```

关注“小可学编程”微信公众号，获取答案解析和更多编程练习。

第 2 节　冒泡排序

我们已经学习了选择排序这一种排序方式，了解了选择排序的思想是比较一个数跟它后面的所有数，但现在有这样一个停车场，要按照汽车质量从小到大重新排序，并且每次只能交换相邻两个汽车的位置。那么，用选择排序就无法实现了，还有什么方法来解决呢？

冒泡排序

冒泡排序是计算机科学领域一种较简单的排序算法。它重复地走访过要排序的元素列，依次比较两个相邻的元素，如果它们的顺序错误就把它们交换过来。走访元素的工作是重复地进行直到没有相邻元素需要交换，也就是说该元素已经排序完成。

这个算法的名字由来是因为越大(小)的元素会经由交换慢慢"浮"到数列的顶端(升序或降序排列)，就如同碳酸饮料中的二氧化碳气泡最终会上浮到顶端一样，故名"冒泡排序"。

例题 9.2.1

输入 5 个整数，采用冒泡排序的方法，将它们从大到小输出。

样例输入：5 3 7 8 9

样例输出：9 8 7 5 3

解析：具体排序过程如下：

①首先用一个数组存放数据。

5	3	7	8	9
a[0]	a[1]	a[2]	a[3]	a[4]

②a[0]和 a[1]比较，大数在前，小数在后，所以数字 5 和 3 不需要交换位置。

5	3	7	8	9
a[0]	a[1]	a[2]	a[3]	a[4]

③a[1]和 a[2]比较，大数在前，小数在后，所以数字 3 和 7 要交换位置。

5	7	3	8	9
a[0]	a[1]	a[2]	a[3]	a[4]

④a[2]和 a[3]比较，大数在前，小数在后，所以数字 3 和 8 要交换位置。

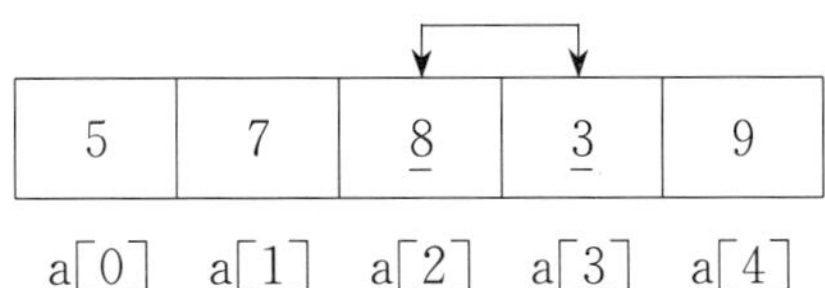

⑤a[3]和 a[4]比较，大数在前，小数在后，所以数字 3 和 9 要交换位置。我们发现经过第一轮比较之后，最小的数字 3 到了数组的最后一个位置，我们这一轮比较了 4 次。

5	7	8	9	3
a[0]	a[1]	a[2]	a[3]	a[4]

⑥新的一轮开始，从 a[0]开始，a[0]和 a[1]比较，大数在前，小数在后，所以数字 5 和 7 要交换位置。

7	5	8	9	3
a[0]	a[1]	a[2]	a[3]	a[4]

⑦a[1]和 a[2]比较，大数在前，小数在后，所以数字 5 和 8 要交换位置。

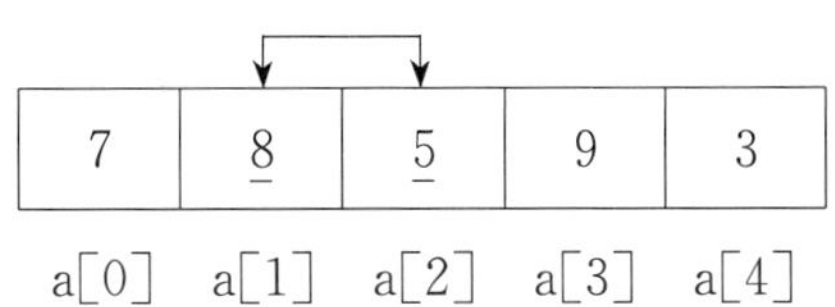

⑧a[2]和 a[3]比较，大数在前，小数在后，所以数字 5 和 9 要交换位置。到此，我们结束了第二轮的比较，发现数字 5 来到数组的倒数第二个位置，它不需要跟数字 3 进行比较了。第二轮，我们比较了 3 次。

7	8	9	5	3
a[0]	a[1]	a[2]	a[3]	a[4]

⑨第三轮比较开始，依然从 a[0]开始，a[0]和 a[1]比较，大数在前，小数在后，所以数字 7 和 8 要交换位置。

8	7	9	5	3
a[0]	a[1]	a[2]	a[3]	a[4]

⑩a[1]和 a[2]比较，大数在前，小数在后，所以数字 7 和 9 要交换位置。到此，我们结束了第三轮比较，在这一轮中，我们比较了 2 次。

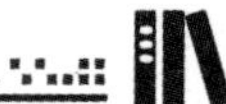

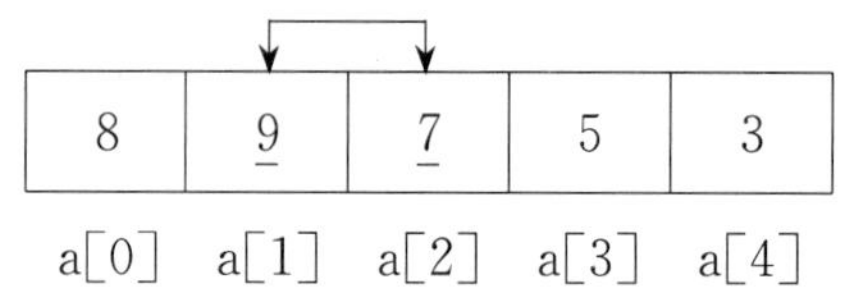

⑪第 4 轮比较开始，依然从 a[0]开始，a[0]和 a[1]比较，大数在前，小数在后，所以数字 8 和 9 要交换位置。到此，我们结束了第四轮的比较，在这一轮中，我们比较了 1 次。整个数列排序完毕。

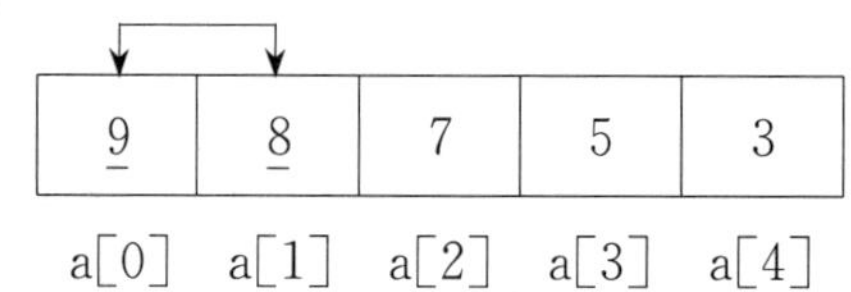

根据上述过程可以看出，进行一轮的比较后，n 个数的排序规模就转化为 n－1 个数的排序过程。

归纳之后，具体实现步骤如下：

①读入数据存放在数组中。

②比较相邻的前后两个数据。如果前边数据小于后边数据，就将两个数据交换。

③对数组的第 0 个数据到第 n－1 个数据进行次遍历后，最小的一个数据就“冒”到数组第 n－1 个位置。

④n＝n－1，如果 n 不为 0 就重复前面二步，否则排序完成。

程序实现方法：用两层循环完成算法，外层循环 i 控制每轮要进行多次的比较，第 1 轮比较 n－1 次，第 2 轮比较 n－2 次……最后一轮比较 1 次。内层循环 j 控制每轮 i 次比较相邻两个元素是否逆序，若逆序就交换这两个元素。

参考答案：

```
#include <iostream>
using namespace std;
int main(){
    int a[6],i,j,t;
    for(i=0;i<5;i++)
        cin>>a[i];
    for(i=0;i<4;i++)
        for(j=0;j<5-i;j++)
            if(a[j]<a[j+1]){
                t=a[j];
                a[j]=a[j+1];
                a[j+1]=t;
```

```
            }
    for(i=0;i<5;i++)
        cout<<a[i]<<" ";
    return 0;
}
```

如果要将 5 个数的排序推广到任意个数排序，应该这样来实现：

```
#include <iostream>
using namespace std;
int main(){
    int a[10001],i,j,t,N;
    cin>>N;
    for(i=1;i<=N;i++)
        cin>>a[i];
    for(i=1;i<=N-1;i++)
        for(j=1;j<=N-i;j++)
            if(a[j]<a[j+1]){
                t=a[j];
                a[j]=a[j+1];
                a[j+1]=t;
            }
    for(i=1;i<=N;i++)
        cout<<a[i]<<" ";
    return 0;
}
```

学习内容：冒泡排序

冒泡排序：在进行比较的时候，冒泡排序是对相邻的两个数进行比较。如果现在有 n 个整数需要进行冒泡排序，外层循环需要执行 n－1 次。

动手练习

【练习 9.2.1】 汽车排序

题目描述

在一艘摆渡船上，当所有的车辆停放好之后需要把每一排汽车按照其质量从小到大进行重新排序，船上的调换设备只能每次交换相邻两辆汽车，请计算需要调换多少次。

输入

有两行数据，第一行是有 N 辆汽车(不大于 10000)，第二行是 N 个不同的数表示汽车的质量。

输出

一个数据，是最少的交换次数。

样例输入

```
4
4 3 2 1
```

样例输出

```
6
```

小可的答案

分析：

根据题目要求可知，每次只能是相邻的两辆汽车进行交换，所以优先使用冒泡排序解题。同时要注意一点，本题求得是交换次数，可以借助计数器来记录交换的次数。

```
#include<iostream>
using namespace std;
int main(){
    int ans=0,n,a[10001];
    cin>>n;
    for(int i=1;i<=n;i++){
        cin>>a[i];
    }
    for(int i=1;i<=n-1;i++){
        for(int j=1;j<=n-i;j++){
            if(a[j]>a[j+1]){
```

```
                int t=a[j];
                a[j]=a[j+1];
                a[j+1]=t;
                ans++;
            }
        }
    }
    cout<<ans;
    return 0;
}
```

关注“小可学编程”微信公众号，
获取答案解析和更多编程练习。

进阶练习

【练习 9.2.2】 任命组长

题目描述

现有一组人员，每个人都有一个唯一的编号，表示其加入队伍的先后顺序，编号越小，加入越早。现在想要找出最早加入小组的两人，任命为组长和副组长。所以，其编号必定是这一组无序排列的人中最小的两个，那么，请找出他们的编号。

输入

第一行一个数 n(n≤10000)，即小组的人数。

第二行为 n 个数，即每个人的编号，每个编号均不超过 int 范围的最大值。

输出

输出由小到大排列的最小的两个编号。

样例输入

```
10
2 1 76 11 4 765 32 56 3 23
```

样例输出

```
1 2
```

第 3 节　桶排序

探险家小可想要绘制某个森林的路径图。已知森林里有 10 条路，编号为 0～9，小可需要不重复地将每条路都走一遍，现在已经走了其中的 5 条。在数据 0～9 中，输入 5 个数表示已经走过的路，那么哪些路还没有走过呢？这个过程我们要怎么表示出来呢？

路的标记

对于这个问题，假设走过的路是 2,7,4,1,8，那么明显在 0～9 这 10 个数之中还有 0,3,5,6,9 这 5 条路没有走过，那该如何表示这些没有走过的路呢？我们不妨作个标记！

0	1	2	3	4	5	6	7	8	9

这种画线标记的方式我们也可以通过编程来实现。这里需要定义一个变量，变量的初值为 0，画线就是将其变为 1，表示进行了标记。

往往我们需要进行标记的数会很大，因此会选择用一维数组来完成这个标记的过程。但是和一般的数组用法不同的是，这里我们是将一维数组的下标作为要进行标记的对象，而数组元素作为标记值 1 或 0。

比如上述例子要标记的路号为 0～9，因此可以定义一个大小为 10 的数组，并且将其值初始化为 0，“int a[10]={0}”。

当数组下标作为编号的路被走过之后，就将其作为下标的数组元素赋值为 1，比如 2 号路走过，则 a[2]=1。

0	1	1	0	1	0	0	1	1	0
a[0]	a[1]	a[2]	a[3]	a[4]	a[5]	a[6]	a[7]	a[8]	a[9]

这里有一个问题，如果说我们走过的是第 t 号路，则应该如何标记呢？

```
int t;
cin>>t;
a[t]=1;
```

t 代表的是路号，所以我们可以把下标是 t 的数组元素改变一下。

这里我们发现，数组元素里只要两种数 1 和 0，而 int 类型变量能够存储的数值范围会比其大得多，会产生一些浪费，因此这里介绍一种新的数据类型—— bool 类型。

bool(布尔)变量只有正反两种情况:true(1)和 false(0)。在定义数组的时候,可以定义 bool 类型的数组。

现在我们将刚才经过标记的数组输出一下,看一下结果是什么样子的?

我们会发现,在输出数组中被标记的元素的时候,输出的结果是 1,2,4,7,8,已经是排好顺序的序列了,那这到底是为什么呢?

其实这就是桶排序能够排序的原因,在我们输出标记的数组元素下标的时候,是按照数组的顺序正序或者倒序进行查找的,因此输出的序列是有序的。

1. 桶排序的定义

桶排序是一种排序算法,其工作原理是将数组当作一个个的桶,数组下标相当于桶的编号,将待排序的数字按照对应的下标(编号),在桶中进行标记或者计数,最后遍历数组输出标记过的数组位置的下标。

桶排序分为三大部分:开桶、桶标记、桶查找。

第一步,开桶:即是定义桶数组,其大小根据数据范围而定,要确保把所有可能出现的数均涵盖在其下标之中,比如要排序的数的大小范围在 1～30000,那我们就需要定义一个大小为 30005 的数组,并且要注意全部元素初始化为 0。

第二步,桶标记:桶标记是根据要标记的元素个数而确定一个循环,比如要对 5 个数进行标记,则就需要一个五次的循环,每一次循环输入一个数并且将这个数作为下标的数组元素赋值为 1,作一个标记。

第三步,桶查找:在这一步里,我们要将已经标记好的数组,按照下标从小到大或者从大到小进行遍历,并且把被标记为 1 的数组元素的下标进行输出,最终输出的就是所有待排序元素,并且已经排好顺序。

```
bool a[30005]={0};     //开桶
for(int i=0;i<5;i++){     //桶标记
    int t;
    cin>>t;
    a[t]=1;
}
for(int i=0;i<=3004;i++){     //桶查找
    if(a[i]==1)
        cout<<i<<" ";
}
```

大家在各自的计算机上实现一下上述代码并且尝试输入2,5,2,1,8,看一下结果是什么样子的?

2. 桶排序的特性

尝试过的同学会发现,输出的结果是1,2,5,8,会筛去重复的数字,那这是因为什么呢?

其实这是因为桶排序的第二个特性——去重。而之所以可以去重,是因为接下来的两点:

①在进行标记时,写“a[t]=1”,无论有多少个相同的数字,数组中存储的都是1。

②在进行遍历查找时,每个位置只会遍历输出一次。

例题 9.3.1

小可想要在学校做一份问卷调查,为了保证数据的真实有效,她决定用随机数的方式来选择发放问卷的人群。她先用计算机生成了x个1～1000之间的随机整数(x≤100),之后将重复的数字去掉,只保留一个,然后找这些号码对应学号的同学们来发放问卷。请你帮助小可将这些数字按照从小到大的顺序排列出来。输入共两行:第一行为1个正整数,表示所生成的随机数的个数x;第二行有x个用空格隔开的正整数,为所产生的随机数。

解析:这道题要求去重,优先考虑桶排序,x个1～1000的数字,数组最小长度为1001,要保证有1000号下标,因为要先输出不重复的数字个数,所以先从头至尾遍历一次桶,如果a[i]==1,计数加一,当循环结束时,计数器里就是所有不重复数字的个数。接下来再一次从头至尾遍历数组,将所有标为1的元素的下标进行输出。

参考答案:

```
#include <iostream>
using namespace std;
int main( ){
    bool a[1001]={0};
    int x,sum=0;
    cin>>x;
    for(int i=0;i<x;i++){
        int t;
        cin>>t;
        a[t]=1;
    }
    for(int i=0;i<1001;i++){
```

```
        if(a[i]==1){
            sum++;
        }
    }
    cout<<sum<<endl;
    for(int i=0;i<1000;i++){
        if(a[i]==1){
        cout<<i<<" ";
        }
    }
    return 0;
}
```

不去重的桶排序

如果说我们希望用到桶排序但是又不喜欢它的去重操作，那有没有什么办法可以实现这个操作呢？答案是可以的，只要我们想办法解决它去重的两个原因，那么桶排序同样也可以实现不去重的排序操作。

首先修改标记方式，每次输入数字写“a[t]++”，相当于每次输入一个数字就计一次数，数组当中存储的是数字出现的次数。

```
for(int i=0;i<5;i++){      //桶标记
    int t;
    cin>>t;
    a[t]++;      //改为统计下标 t 出现的次数
}
```

这里因为数组元素不再是单纯的标记，而是可能出现超过 1 的次数，因此数组不能定义成 bool 类型，而是要定义成 int 类型。

其次就是在遍历数组时，因为现在数组中存储的是数字出现的次数，所以当前数字出现几次，就输出几次。这里就不能单独用一个单层循环对数组进行遍历，而是应该在其中

再嵌套一个循环，用于对每一个下标进行多次输出。

```
for(int i=0;i<=9;i++){
    for(int j=1;j<=a[i];j++){      //根据 a[i]中统计的次数完成下标的输出
        cout<<i<<" ";
    }
}
```

例题 9.3.2

现在我们要输入 5 个数，然后将它们按照从小到大的顺序输出，并且可以出现重复的数字。

解析：该题就是一道需要用到不去重的桶排序来完成的题目，需要注意在进行标记和查找的时候进行的改变。

参考答案：

```
#include <iostream>
using namespace std;
int main( ) {
    int a[10]={0};
    for(int i=0;i<5;i++){
        int t;
        cin>>t;
        a[t]++;
    }
    for(int i=0;i<=9;i++){
        for(int j=1;j<=a[i];j++){
            cout<<i<<" ";
        }
    }
    return 0;
}
```

学习笔记

学习内容:桶排序的定义、桶排序的三步、桶排序的两个特性、如何实现不去重的桶排序

1. 桶排序的定义

桶排序是一种排序算法,其工作原理是将数组当作一个个的桶,数组下标相当于桶的编号,将待排序的数字,按照对应的下标(编号),在桶中进行标记或者计数,最后遍历数组输出标记过的数组位置的下标。

2. 桶排序的三步

开桶、桶标记、桶查找(遍历)。

```
bool a[30005]={0};     //开桶
for(int i=0;i<5;i++){     //桶标记
    int t;
    cin>>t;
    a[t]=1;
}
for(int i=0;i<=3004;i++){     //桶查找
    if(a[i]==1)
        cout<<i<<" ";
}
```

3. 桶排序的两个特性

桶排序的两个特性是去重和排序。去重的原因如下:

①在进行标记时,写 a[t]=1,无论有多少个相同的数字,数组中存储的都是 1。

②在进行遍历查找时,每个位置只会遍历输出一次。

4. 如何实现不去重的桶排序

在桶标记的部分实现计数而不是标记,在桶查找遍历的时候按照下标元素计数的数量进行下标次数的输出。

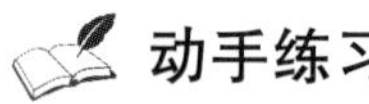

动手练习

【练习 9.3.1】

题目描述

本来有一个完整的俄罗斯套娃，现在被小可拆开了，很是凌乱，现在需要你按套娃的尺寸从大到小给小可，帮小可一起把套娃组装起来！

输入

每组测试数据第一行以一个正整数 n(1≤n≤100)开始，接下来的 n 个正整数(代表套娃的尺寸，最大不超过 100)用空格隔开。

输出

对于每组测试数据，输出一行，表示套娃尺寸的顺序，如有相同尺寸的套娃只需要输出一个。

样例输入

```
5
4 1 3 2 3
```

样例输出

```
4 3 2 1
```

小可的答案

分析：

题目要求“如有相同尺寸的套娃只需要输出一个”，所以这是一道去重的排序。去重首先想到桶排序，注意是从大到小的排序，在进行遍历桶的时候下标要从大到小遍历。首先定义桶，开数组，将数组初始化为 0，当所有的数字都按照下标在桶里作过标记了，下一步遍历桶开始输出。因为是从大到小的排序，所以要倒着找，for 循环从数组尾部开始遍历一直到 0 号下标，如果“a[i]==1”，就进行输出。

```
#include<iostream>
using namespace std;
int main(){
    bool a[101]={0};
    int n;
    cin>>n;
    for(int i=0;i<n;i++){
```

```
        int t;
        cin>>t;
        a[t]=1;
    }
    for(int i=100;i>=1;i--){
        if(a[i]==1)
        {
            cout<<i<<" ";
        }
    }
    return 0;
}
```

关注“小可学编程”微信公众号，获取答案解析和更多编程练习。

【练习 9.3.2】

题目描述

输入 n(n⩽1000)个整数，并进行从小到大排序，找到第 k(k⩽1000)个位置的值并进行输出(相同大小数字只计算一次)正整数均小于 30000。

输入

第一行为 n 和 k，第二行为 n 个正整数的值，整数间用空格隔开。

输出

第 k 个值；若无解，则输出“NO RESULT”。

样例输入

```
10 3
1 3 3 7 2 5 1 2 4 6
```

样例输出

```
3
```

小可的答案

分析：

因为这道题目是一道相同数字只计算一次的题目，所以是一道去重的桶排序，而题目要求按照从小到大排序，并且把第 k 个出现的数输出，因此我们可以选择在桶查找的时候，每找到一个被标记的数，就把 k 的值减 1，直到 k 的值被减为 0，那当前找到的下标就是第 k 个数了。

```
#include<iostream>
using namespace std;
int main(){
    int n,a[30010]={0},k;
    cin>>n>>k;
    for(int i=1;i<=n;i++){
        int z;
        cin>>z;
        a[z]=1;
    }
    for(int i=0;i<=30000;i++){
        if(a[i]==1){
            k--;
        }
        if(k==0){
            cout<<i;
            return 0;
        }
    }
    cout<<"NO RESULT";
    return 0;
}
```

关注“小可学编程”微信公众号，获取答案解析和更多编程练习。

进阶练习

【练习 9.3.3】

题目描述

本来有一个完整的俄罗斯套娃，现在被小可拆开了，很是凌乱，现在需要你按套娃的尺寸给小可(每个尺寸大小可能重复)，帮小可一起把套娃组装起来！

输入

每组测试数据第一行以一个整数 n(1≤n≤100)开始，接下来的 n 个整数(代表俄罗斯套娃的尺寸，最大不超过 100)用空格隔开。

输出

对于每组测试数据，输出一行，表示递给小可的套娃尺寸的顺序(从大到小)。

样例输入

```
4
4 1 2 3
```

样例输出

```
4 3 2 1
```

第10章 char字符数据类型

编程课堂

走，我们去上课吧！

好的！

小可

达达

第 1 节　字符数据类型变量

我们之前学习过很多数据类型，比如 int 是整数数据类型，float 是单精度浮点型数据类型，double 是双精度浮点型数据类型，其实还有一种数据类型可用来存储字符，那就是字符数据类型——char。

 字符数据类型变量

字符数据类型变量可以用来存储单个字符，单个字符是用单引号引起的单个字母、符号、数字等，与其他变量一样，字符数据类型变量需要定义声明后才能存储数据。

首先是声明变量，想要声明一个 char 类型变量，方法如下：

```
char a;
```

对于一个 char 类型变量，它能够存储单个字符，可以在声明时直接赋值：

```
char a='+';      //注意单引号
```

也可以用 cin 函数或者 scanf 函数实现从键盘上输入：

```
cin>>a;
scanf("%c",&a);      //注意对应的格式化参数和取地址符
```

但是输入字符的时候，用 cin 是无法读入空格、回车和 Tab 的，不过它们也属于字符，这时可以用 scanf( )或 getchar( )来读入一个字符(加头文件“<cstdio>”)，例如：

```
char a;
a=getchar();
```

想要输出可以用 cout 或者 printf 函数：

```
cout<<a;
printf("%c",a);
```

 动手练习

【练习 10.1.1】 小可的计算器

题目描述

小可想制作一个只支持整数的加、减、乘、除运算的简单计算器，同时运算结果也不会超过 int 表示的范围。

输入

一行，共三个参数，前两个为整数，最后一个为运算符(“+”“-”“*”“/”)。

输出

输出只有一行，一个整数，为运算结果，然而：

①如果出现除数为 0 的情况，则输出“Divided by zero!”。

②如果出现无效的操作符(即不为“+”“-”“ * ”“/”之一)，则输出“Invalid operator!”。

样例输入

```
1 2 +
```

样例输出

```
3
```

小可的答案

```
#include<iostream>
using namespace std;
int main(){
    int a,b;
    char c;
    cin>>a>>b>>c;
    if(c=='+'){
        cout<<a+b;
    }
    else if(c=='-'){
        cout<<a-b;
    }
    else if(c=='*'){
        cout<<a*b;
    }
    else if(c=='/'){
        if(b==0)
            cout<<"Divided by zero!";
        else
            cout<<a/b;
    }
    else{
        cout<<"Invalid operator!";
    }
    return 0;
}
```

关注“小可学编程”微信公众号，获取答案解析和更多编程练习。

字符的本质

将一个字符存放到计算机中时，实际上并不是把该字符本身放到计算机中去，而是将该字符相应的 ASCII 码放到计算机中，对于计算机来说，所有的字符都对应着一个唯一的数字。标准 ASCII 码一共有 128 个(0～127)。

ASCII 字符表如图 10-1-1 所示。

	高四位	ASCII非打印控制字符									
		0000					0001				
		0					1				
低四位		十进制	字符	ctrl	代码	字符解释	十进制	字符	ctrl	代码	字符解释
0000	0	0	BLANX NULL	^@	NULL	空	16	►	^P	DLE	数据链路转意
0001	1	1	☺	^A	SOH	头标开始	17	◄	^Q	DC1	设备控制1
0010	2	2	☻	^B	STX	正文开始	18	↕	^R	DC2	设备控制2
0011	3	3	♥	^C	ETX	正文结束	19	‼	^S	DC3	设备控制3
0100	4	4	♦	^D	EOT	传输结束	20	¶	^T	DC4	设备控制4
0101	5	5	♣	^E	ENQ	查询	21	§	^U	NAK	反确认
0110	6	6	♠	^F	ACK	确认	22	■	^V	SYN	同步空闲
0111	7	7	•	^G	BEL	震铃	23	↨	^W	ETB	传输块结束
1000	8	8	◘	^H	BS	退格	24	↑	^X	CAN	取消
1001	9	9	○	^I	TAB	水平制表符	25	↓	^Y	EM	媒体结束
1010	A	10	◙	^J	LF	换行/新行	26	→	^Z	SUB	替换
1011	B	11	♂	^K	VT	竖直制表符	27	←	^[	ESC	转意
1100	C	12	♀	^L	FF	换页/新页	28	∟	^\	FS	文件分隔符
1101	D	13	♪	^M	CR	回车	29	↔	^]	GS	组分隔符
1110	E	14	♫	^N	SO	移出	30	▲	^6	RS	记录分隔符
1111	F	15	☼	^O	SI	移入	31	▼	^-	US	单元分隔符

ASCII打印字符												
0010		0011		0100		0101		0110		0111		
2		3		4		5		6		7		
十进制	字符	十进制	字符	十进制	字符	十进制	字符	十进制	字符	十进制	字符	ctrl
32		48	0	64	@	80	P	96	、	112	p	
33	!	49	1	65	A	81	Q	97	a	113	q	
34	"	50	2	66	B	82	R	98	b	114	r	
35	#	51	3	67	C	83	S	99	c	115	s	
36	$	52	4	68	D	84	T	100	d	116	t	
37	%	53	5	69	E	85	U	101	e	117	u	
38	&	54	6	70	F	86	V	102	f	118	v	
39	,	55	7	71	G	87	W	103	g	119	w	
40	(	56	8	72	H	88	X	104	h	120	x	
41	)	57	9	73	I	89	Y	105	i	121	y	
42	*	58	:	74	J	90	Z	106	j	122	z	
43	+	59	;	75	K	91	[	107	k	123	{	
44	;	60	<	76	L	92	\	108	l	124	|	
45	–	61	=	77	M	93	]	109	m	125	}	
46	.	62	>	78	N	94	^	110	n	126	~	
47	/	63	?	79	O	95		111	o	127	△	^Back space

图 10-1-1

例题 10.1.1

输入一个字符对应的数字存储到整型变量中，输出这个数字对应的字符。

参考答案:

```
#include<iostream>
using namespace std;
int main(){
    int i;
    cin>>i;
    cout<<(char)i;
    return 0;
}
```

例题 10.1.2

输出 0～127 每个数字所对应的字符。

参考答案:

```
#include<iostream>
using namespace std;
int main(){
    for (int i=0; i<=127; i++) {
        cout<<i<<" "<<(char)i<<endl;
    }
    return 0;
}
```

既然字符数据是以 ASCII 码存储的,所以表示字符最简单的方法就是把字符用整数来表示,这样,在 C++中字符型数据和整型数据之间就可以通用了。一个字符数据可以赋给一个整型变量,反之,一个整型数据也可以赋给一个字符变量。也可以对字符数据进行算术运算,此时相当于对它们的 ASCII 码进行算术运算。

例如:

```
char b=65;        int a=65;           char c='A';
cout<<b;          cout<<(char)a;      cout<<(char)(c+32);
```

输出:A　　输出:A　　输出:a

几个常见字母的 ASCII 码大小:A 为 65;a 为 97;0 为 48。

学 习 笔 记

学习内容：字符数据类型、字符数据类型变量的使用、字符的本质、空白符的输入

1. **字符数据类型**

char 类型的变量可以存储单个字符，单个字符需要用单引号引起。

2. **字符数据类型变量的使用**

`char a='+'`。

3. **字符的本质**

每个字符都对应着一个唯一的数字，称为“ASCII 码”。

4. **空白符的输入**

使用 scanf( )函数或 getchar( )函数。

第 2 节　一维字符数组以及字符串应用

一个 char 类型变量只能存储一个字符，那如果想要存储一个人名（一串字符）如“coduck”，应该怎么办呢？小可想到可声明 6 个 char 类型变量，但那样太麻烦了。这时，一维字符数组就派上了用场。

 一维字符数组

1. 一维字符数组的使用

一维字符数组本质是一个数组，所以它的使用跟 int 类型数组类似。

①声明一个一维字符数组：

```
char a[10];
```

②对一维字符数组赋值赋初值：

```
char a[10]={'c','o','d','u','c','k'};      //但是要注意每个字符都有单引号
```

'c'	'o'	'd'	'u'	'c'	'k'				

```
char a[10]={"coduck"};      //双引号引起的内容为字符串
```

'c'	'o'	'd'	'u'	'c'	'k'	'\0'			

以上两种方式都是可以对一维字符数组赋初值的，但是第二种方式会在赋值结束时，在字符数组的最后添加一个“\0”。“\0”是判定字符数组结束的标识，表示这串字符到结尾了。“\0”会占用一个数组位置，所以若字符串的长度为 10，则存放的字符串长度应为 1～9。

③字符串的输入：

```
cin>>a;      //a 为一维字符数组名
scanf("%s",a);      //注意对应的格式化参数，且 a 是数组名不是变量名，所以不需要用 &
```

也可以选择使用循环语句，将一个字符串拆成一个个字符，逐个地存入数组中，但是比较麻烦，并且在最后要添加“\0”。

④字符串的输出：

```
cout<<a;
printf("%s",a);
```

2. gets( )函数

①用cin读入带空格的字符串：

我们之前讲过，cin函数没有办法读入空格，在输入时遇到空格会自动停止。如下面这段代码，如果执行时输入“hello abc”，最终只会输出“hello”。

```
#include<iostream>
using namespace std;
int main(){
    char a[10];      //字符数组
    cin>>a;      //输入一串字符
    cout<<a;      //输出一串字符
    return 0;
}
```

②gets( )函数：

那如果想要读入一个带空格的字符串，就要用到gets( )函数。用下面这段代码再去执行刚才的过程，输入“hello abc”，最终就能输出“hello abc”。

```
#include<iostream>
#include<cstdio>
using namespace std;
int main(){
    char a[10];      //字符数组
    gets(a);      //输入一串字符
    cout<<a;      //输出一串字符
    return 0;
}
```

gets( )函数能够读取空格，遇到回车结束，需要头文件“<cstdio>”。

学   记

学习内容：一维字符数组的使用、字符串的输入方式

1. 一维字符数组的使用

一维字符数组的声明：

```
char a[10];
```

一维字符数组赋初值：

```
char a[10]= {"coduck"};
```

字符串的输入：

`cin>>a;`或`scanf("%s",a);`或`gets(a);`

字符串的输出：

`cout<<a;`或`printf("%s",a);`

2. 字符串的输入方式

遇到有空格的字符串，可以用“`gets(数组名);`”来输入。

遇到没有空格的字符串，可以用“`cin>>数组名;`”来输入。

 **动手练习**

【练习 10.2.1】 鸭子特工

题目描述

2333 年，鸭国局部地区因为食物分配不均而爆发战争，部落 A 联手部落 C 围攻部落 B。某日，部落 A 与 C 密谋计划下次攻入 B 的指挥部。隶属于 A 的特工向 C 发送信息，该信息会以加密的形式传送给 C。加密方式如下：将加密信息的首字母全部变成大写，其余字母变为小写。例如发送信息为：aBccDeeFHHsss，经过加密为：Abccdeefhhsss。现在，A 需要向 C 发送新一波进攻信息，信息以单个字符串传送，每次只会传送 1 个。身为鸭子特工的你，完成信息的转换。提示：ASCII 码，65～90 为 26 个大写英文字母，97～122 为 26 个小写英文字母。

输入

共 n+1 行数据，第一行为一个正整数 n，代表接下来会有 n 行字符串。

第 2～n+1 行为 n 行字符串。字符串长度保证在 20 以内，且全部由字母组成。

输出

输出共 n 行，代表经过加密的 n 行信息。

样例输入

```
3
heLLo
DuCk
aTTacKEr
```

样例输出

```
Hello
Duck
Attacker
```

小可的答案

分析：

利用 ASCII 码的规律进行大小写转换。

解题思路：

①定义数组“char a[20]”，定义输入整数 n。

②循环输入 n 个字符串，每输入一次，从头到尾判断一次。

判断方法：先判断第 1 个元素是否在 a～z 范围之内，如果是则小写变大写“a[0]=a[0]-32;”。

接下来从 a[1]开始依次判断范围是否在 A～Z 范围之内，如果是则大写变小写“a[?]=a[?]+32;”。

③判断并重新赋值之后，输出该字符串。

注意：因为现在我们还没有办法存储多个字符串，所以选择边输入边输出。

```
#include<iostream>
using namespace std;
int main(){
    int n;
    char a[20];
    cin>>n;
    for(int i=1; i<=n; ++i){
        cin>>a;
        if(a[0]>='a'&&a[0]<='z'){
            a[0]= a[0]-32;
```

关注“小可学编程”微信公众号，获取答案解析和更多编程练习。

```
            }
            for (int j=1; j<20;++j){
                if(a[j]>='A'&&a[j]<='Z'){
                    a[j]=a[j]+32;
                }
            }
            cout<<a<<endl;
        }
        return 0;
    }
```

【练习 10.2.2】 猜拳

题目描述

猜拳是一项非常古老的游戏项目,最常见的就是石头剪子布。游戏规则:石头打剪刀,布包石头,剪刀剪布。现请写一程序对猜拳的结果进行判断。

输入

输入包括 n+1 行。

第一行是一个整数 n,表示一共进行了 n 次游戏。1⩽n⩽100。

接下来 n 行的每一行包括两个字符串,表示游戏参与者 Player1,Player2 的选择[石头(Rock)、剪子(Scissors)、布(Paper)],中间用空格隔开。

输出

输出包括 n 行,每一行对应一个胜利者(Player1 或者 Player2)。如果游戏出现平局,则输出“Tie”。

样例输入

```
3
Rock Scissors
Paper Paper
Rock Paper
```

样例输出

```
Player 1
Tie
Player 2
```

小可的答案

分析：

输入的是两个字符串，分别代表两个玩家的选择。根据字符串的首字母就可以确定选择的是剪刀、石头还是布，所以本题只比较第一个字母即可。

```
#include<iostream>
using namespace std;
int main(){
    int n;
    cin>>n;
    char a[20],b[20];
    for (int i=1; i<=n; i++) {
        cin>>a>>b;
        if(a[0]==b[0]) {
            cout<<"Tie"<<endl;     //平局
        }
        else if((a[0]=='R'&&b[0]=='S')||(a[0]=='P'&&b[0]=='R')
                                    ||(a[0]=='S'&&b[0]=='P')) {
            cout<<"Player1"<<endl;     //第一个人获胜
        }
        else {
            cout<<"Player2"<<endl;     //第二个人获胜
        }
    }
    return 0;
}
```

字符串应用

1. strlen( )函数

①作用：计算字符串长度的函数，可以用来计算字符数组中存储的字符串的长度，碰到第一个字符串结束符“'\0'”为止，然后返回计数器值(长度不包含“'\0'”)。

②函数的使用：对于 strlen( )函数，括号中填入想要计算长度的字符数组名，就可以使用函数求得长度，如“strlen(a)”。用的时候可以先定义一个变量存储它的返回值，如“int

len=strlen(a)”；或者将其返回值直接使用，如“for(int i=0;i<strlen(a);i++)”。

注意：使用 strlen( )函数需要引入头文件“<cstring>”。

2. strcmp( )函数

①作用：用于比较两个字符串并根据比较结果返回整数，这里的比较是根据字典序来进行的，从两个字符串的第一个字符开始比较，直到找到两个字符串中第一次不同的两个字母的 ASCII 码值，较大者字符串“大”。如字符串 abc 大于字符串 abb，这种根据比较 ASCII 码来确定字符串大小的方式，也可以理解为前后关系——字典序。

②函数的使用：基本形式为“strcmp(a,b)”。根据“strcmp(a,b)”的结果来判断两个字符串的大小：

如果返回值大于零（“strcmp(a,b)>0”），说明字符串 a 大。

如果返回值小于零（“strcmp(a,b)<0”），说明字符串 a 小。

如果返回值等于零（“strcmp(a,b)==0”），说明字符串 a 与 b 一样大（相同）。

注意：使用 strcmp( )函数需要引入头文件“<cstring>”。

3. strcpy( )函数

①作用：strcpy()函数是用来给字符串赋值的，将一个字符数组的值赋值给另一个字符数组，其本质就是把含有“'\0'”结束符的字符串复制到另一个存储空间。

②函数的使用：一维字符数组本质是数组，不可以直接赋值，比如定义两个字符串“char a[20]; char b[20];”，想要把字符串 b 的值赋给字符串 a，不能直接写赋值 a=b，但可以利用 strcpy( )函数来进行 a 赋值，如“strcpy(a,b)”是把字符串 b 的值赋给字符串 a。

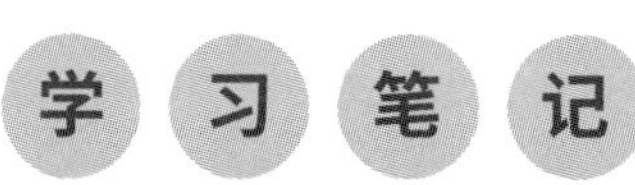

学习内容：求字符串 a 的长度、字符串 a 和 b 比较大小、把字符串 a 赋值给字符串 b

①求字符串 a 的长度：“int len=strlen(a);”。

②字符串 a 和 b 比较大小：判断“strcmp(a,b)”的值。

③把字符串 a 赋值给字符串 b：“strcpy(b,a);”。

动手练习

【练习 10.2.3】 规范单词

题目描述

我们把一个以 er、ly 或者 ing 作为最后字母的单词称为“不规范单词”。对于这种不规范单词，我们需要将后缀部分删除掉进行规范输出，现请你写一程序进行规范输出。

输入

输入一行，包含一个单词（单词中间没有空格，每个单词最大长度为 32）。

输出

输出按照题目要求处理后的单词。

样例输入

```
referer
```

样例输出

```
refer
```

小可的答案

分析：

求出字符串的长度后，就能找到并判断字符串的后缀是否为 er、ly 或者 ing 其中的一个。若是其中一个后缀要将其删除，删除后缀的方法为：将“'\0'”赋值给后缀开始的数组元素中。

如：referer 删除后缀 er。

'r'	'e'	'f'	'e'	'r'	'e'	'r'	'\0'		

↓

'r'	'e'	'f'	'e'	'r'	'\0'	'r'	'\0'		

```
#include<iostream>
#include<cstring>
using namespace std;
int main () {
    char a[40];
    cin>>a;
    int len=strlen(a);
    if(a[len-1]=='r'&&a[len-2]=='e'){      //er 作为后缀
        a[len-2]='\0';      //早点结束
    }
    else if(a[len-1]=='y'&&a[len-2]=='l'){      //ly 作为后缀
        a[len-2]='\0';
    }
```

```
        else if(a[len- 1]=='g'&&a[len-2]=='n'&&a[len-3]=='i'){
            a[len-3]='\0';     //ing 作为后缀
        }
        cout<<a;
        return 0;
}
```

【练习 10.2.4】 匮乏的物资

题目描述

在某个荒岛上，到处物资贫乏，小可发现有一处物资比较齐全。于是，小可召集大家开了一个简单的会议，她把所有物资的名字都写在了卡片上，放在了一个大木桶中，只留下了一个小圆孔。规定大家只能拿两张卡片，来换取相应的必需品。小可没什么特殊的要求，只有唯一一个要求，要是不满足的话，就不能换到必需品。小可只要求用卡片换东西的时候，拿的两个卡片上的名字的顺序必须是大的字符串在前面。如果两个卡片上的名字一模一样，就恭喜你啦，可以再抽一次！输出“Again!”。

字符串怎么才算是大的呢？这可愁死了大家了，不过小可给大家举了一个例子，如果你抽到的是 candy 和 cans，那么你比较的过程应该是：

'c'	'a'	'n'	'd'	'y'

↓

'c'	'a'	'n'	's'

√

比较规则是，从第一个字符开始，顺次向后直到出现不同的字符为止，然后以第一个不同字符的 ASCII 值确定，例如上面的“candy”和“cans”，由于第一个字符相同，所以看下一个字符，第二个字符也相同，于是接着向下，一直到第四个不同，由于 s 的 ASCII 值比 d 的 ASCⅡ值大，所以，这两个字符串的比较结果是“cans”>“candy”。

输入

两行，每行一个物资的名字，保证全部都是小写字母，每个卡片上不超过 20 个字母。

输出

两行，每行一个物资的名字，按要求输出。

或者，一行“Again!”。

样例输入

```
candy
cans
```

样例输出

```
cans
candy
```

小可的答案

分析：

本题在输入两个字符串后，比较两个字符串的大小，根据比较的结果，先输出字典序大的字符串，然后输出字典序小的字符串。

两个字符串比较大小不能直接用关系运算符，需要使用字符串函数，即 strcmp( ) 函数。

```
#include<iostream>
#include<cstring>
using namespace std;
int main () {
    char a[20],b[20];
    cin>>a>>b;
    if(strcmp(a,b)>0){
        cout<<a<<endl;
        cout<<b;
    }
   else if(strcmp(a,b)<0){
        cout<<b<<endl;
        cout<<a;
   }
   else cout<<"Again!"<<endl;
   return 0;
}
```

关注“小可学编程”微信公众号，
获取答案解析和更多编程练习。

【练习 10.2.5】 谁是第一名

题目描述

期末考试成绩下来了,现在班主任想知道谁考了第一名,请你帮他写一个程序来找出这个学生的名字。

输入

第一行输入一个正整数 N(N≤100),表示学生人数。

接着输入 N 行,每行格式是:分数　姓名。

分数是一个非负整数,且小于等于 100;姓名为一个连续的字符串,中间没有空格,长度不超过 20。数据保证最高分只有一位同学。

输出

获得最高分数同学的姓名

样例输入

```
5
87 lilei
99 hanmeimei
97 lily
96 lucy
77 jim
```

样例输出

```
hanmeimei
```

小可的答案

分析:

本题采取边输入边比较最值,如果输入的分数比较大,需要更新分数和名字。

```
#include<iostream>
#include<cstring>
using namespace std;
int main () {
    int n,score,max=0;
    cin>>n;
    char name[25];      //名字长度不超过 20
    char max_name[25];
```

```
    for(int i=1;i<=n;i++){
        cin>>score>>name;
        if(max<score){
            max=score;
            strcpy(max_name,name);
        }
    }
    cout<<max_name;
    return 0;
}
```

进阶练习

【练习 10.2.6】　字符串的变换

题目描述

输入一行字符串，将相邻两个字符的 ASCII 码值相加并转换为一个字符(最后一个字符由输入的字符串的最后一个字符和第一个字符的 ASCII 码值相加得到)。

输入

输入一行，一个长度大于等于 2、小于等于 100 的字符串。字符串中每个字符的 ASCII 值不大于 63，字符串中可能含有空格。

输出

输出一行，为变换后的字符串。输入保证变换后的字符串只有一行。

样例输入

```
1234
```

样例输出

```
cege
```

【练习 10.2.7】　字符串加密

题目描述

战争时期，为了防止获得的情报被敌方获取，我们需要对情报进行加密。现有一种比较简单的加密方式，具体为：对一个给定的字符串，将 a～y，A～Y 用其向后面一个对应的字母替代，z 和 Z 分别用 a 和 A 替代，其他非字母字符不变，得到一个简单的加密字符串。

输入

输入一行,包含一个字符串,长度小于 80 个字符。

输出

输出每行字符串的加密字符串。

样例输入

```
Hello! How are you!
```

样例输出

```
Ifmmp! Ipx bsf zpv!
```